기술에게
정의를
묻다

이 저서는 2018년 대한민국 교육부와 한국연구재단의 지원을 받아 수행된 연구임
(NRF-2018S1A6A4A01036818)

기술에게
정의를

묻다

7가지 과학기술이 도발하는
문제들에 대해 논쟁하다

이채리 지음

궁리
KungRee

프롤로그

───────

우리는 유전공학, 로봇공학, 컴퓨터공학, 뇌신경과학, 나노공학, 의료과학 등 과학기술이 범람하는 시대를 살고 있다. 덕분에 인간과 대화하는 AI 로봇이 등장했고, 현실 같은 가상현실을 체험할 수 있게 됐고, 유전자 조작이 가능해졌으며, 뇌를 제어하는 일도 가능해졌다. 머지않아 도우미 로봇에게 가사노동을 맡기고, 약물로 지능을 높이고, 유전자를 원하는 대로 설계하는 일도 가능할 것으로 보인다. 아침에 일어나면 로봇이 차려주는 밥을 먹고, 나른한 오후에는 똑똑해지는 약으로 공부를 하고, 저녁 무렵이면 좋은 유전자로 설계된 튼튼한 다리로 운동을 하는 거다. 우리의 삶은 더 건강하고 더 편해질 것 같다.

그런데 이러한 삶, 문제는 없을까? 기술은 한편으로는 우리 삶에 도움을 주지만, 다른 한편으로는 여러 가지 윤리적인 문제를 도발하곤 한다. 예를 들어 뇌신경과학 기술을 이용해 지능을 높이는 것은 자신의 진짜 실력을 거짓으로 속이는 것이라는 비판이 가능하다. 뇌가 발달하면 여러 가지로 좋은 일이 많이 생기겠지만, 그 행위가 과연 정당한가에 대한 논란이 문제로 남는 것이다. 좋은 게 반드시 옳은 건 아니니까 말이다. 로봇공학 기술도 마찬가지다. 로봇이 사람처럼 대화도 하고, 가사노동도 해주면 여러 모로 편하겠지만, 그 정도로 인지 능력이 뛰어난 로봇을 어떻게 대할 것인가에 대한 문제가 생긴다. 우리는 로봇을 물건 다루듯 함부로 대해도 되는 걸까? 아니면 사람처럼 존중해야 할까? 그리고 유능한 로봇 때문에 일자리를 잃은 사람들은 어떻게 해야 할까? 로봇으로 우리가 얻게 되는 이익만큼 생각해야 할 문제도 많아진다.

이외에도 과학기술의 연구와 발전을 위해 이용되는 동물실험의 문제, 유전공학으로 인해 생기는 맞춤 아기의 문제, 기계와 몸의 결합으로 발생하는 포스트휴먼의 문제 등, 인간의 삶을 풍요롭게 해주는 기술의 이면에는 여러 가지 심오한 문제들이 기다리고 있다.

이 책은 과학기술이 도발하는 문제들을 옳음, 정당성, 정의의 관점에서 탐색한다. 즉, 기술에게 정의를 묻는다. 뇌신경 약물을 이용해 똑똑해지는 것은 옳은지, 유전공학 기술을 이용해 아기에게 좋은 유전자를 넣어주는 건 부당하지는 않은지, 동물실험은 정의로운 것인지, 로봇에게도 권리를 주어야 하는지, 몸과 기계를 연결하여 더 오래 사는 것은 정당한지 등 기술의 사용과 그 결과가 정의로운지 질문한다. 그리고 다양한 학자들의 논쟁을 살펴보며 문제에 대한 해답을 독자들과 함께 고민한다. 이 과정에서 우리가 살아가는 기술 시대의 문제는 어떤 것이고, 옳고 그름은 어떤 것이며, 인간이란 무엇인지를 성찰한다.

이러한 성찰은 첨단 과학기술 시대를 살아가는 우리 현대인에게 필요한 인문학적 소양이라 할 수 있다. 인간은 기술이 제공하는 풍요로움 속에만 살아가는 존재가 아니라 올바르게 살아야 하는 존재이기 때문이다. 과연, 기술에는 어떤 문제가 있으며, 문제들에 대한 해답은 어떤 것일까? 어떤 기술이 옳은 것이며, 어떤 기술을 선택해야 바람직할까? 기술에게 정의를 따져보자.

그러면, 이제, 이 책의 첫 장을 열고 독자들과 함께 기술에게 정의를 묻는 여정을 떠나고자 한다. 기술과 정의, 그리고 인간에 대해 생각하는 흥미로운 시간이 되기를 바라며….

차례

1장

똑똑해지는 약,
먹어도 될까?

똑똑해지는 약이 있다면 어떨까? 매일 아침 비타민을 먹듯 똑똑해지는 약을 한 알씩 챙겨 먹을 수 있다면? 공부도 잘하고, 좋은 직장에 취직도 하고, 지금보다 더 매력적인 사람이 되지 않을까? 그런 마법의 알약이 있다면 좋겠다. 하지만 그 약을 먹는 것은 옳은 일일까?

1

똑똑해지는 약이 있다고?

똑똑해진다는 약

잘 알아듣고, 잘 판단하고, 잘 기억하고, 응용력이 뛰어난 사람을 우리는 보통 "똑똑하다!"라고 말한다. 이 '똑똑함'은 주로 뇌의 기능 가운데 정보를 이해하고 추론하고 기억하고 문제를 해결하는, 일련의 사고 활동과 관련된 '인지기능'에서 나온다. 즉, 인지기능이 뛰어나게 발달하면 똑똑한 거다.

인지기능이 뛰어나 똑똑한 사람들은 여러 가지 면에서 유리한 점이 많다. 빨리 이해하고 오래 기억하니까 공부를 하더라도 더 잘할 수 있고, 쉽게 응용하고 판단하니까 어떤 일을 하든 더 창의적으로 할 수 있다. 하나를 배우면 둘을 알고, 참신한 아이디어가 늘 넘쳐나고, 복잡한 문제도 척척 풀어낸다. 그래서 어디에서 무엇을 하건 똑똑한 사람은 반짝반짝 빛이 난다.

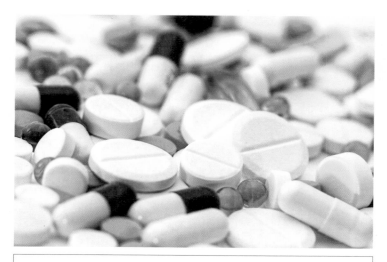

알약 하나로 뇌가 똑똑해질 수 있을까?

만약 똑똑해지는 약이 있다면 어떨까? 눈이 좋아지는 약도 있고, 노화를 방지해주는 약도 있는데 인지기능을 향상해주는 약은 없을까? 있다면 우리의 삶은 여러모로 좋아질 텐데 말이다.

놀랍게도, 이미 똑똑해지는 효과가 있다고 전해지는 약들이 존재한다. 가장 많이 회자되는 약으로는 모다피닐(Modafinil), 메틸페니데이트(Methylphenidate), 암페타민(Amphetamine), 도네페질(Donepezil) 등이 있다. 이 약들은 공식적인 뇌 향상 약물이 아니라 뇌 질환 치료제인데, 뇌 질환에 걸리지 않은 건강한 사람이 복용하면, 인지력이 향상되는 효과가 나타난다고 한다.

잠시 이 약들에 대해 살펴보자. 우선, 모다피닐이라는 약은 기면증 치료제다. 기면증이란 수면을 조절하는 뇌 기능에 문제가

기술에게 정의를 묻다

생겨서 깨어 있어야 하는 순간에 잠이 들어버리는 질병을 말한다. 예를 들어 친구와 이야기하는데 갑자기 졸음이 쏟아지거나 시험을 보려고 하는 순간 깊은 잠에 빠져드는 거다. 이런 경우 모다피닐은 수면 조절 중추를 조절해 깨어 있게 만들어주는 약이다. 그런데 다수의 연구에 따르면, 이 약을 기면증이 없는 정상적인 사람이 복용하면, 기억력과 집중력이 향상되고, 계획을 세우고 결정하는 능력이 향상되는 효과가 있다고 한다. 즉, 더 집중하게 되고, 더 정확하게 기억하며, 문제를 해결하기 위해 어떤 계획을 세워야 하고 어떤 결정을 내려야 하는지를 더 잘 판단하게 된다는 것이다.

그리고 메틸페니데이트와 암페타민은 ADHD(Attention-Deficit Hyperactivity Disorder, 주의력결핍 과잉행동장애) 치료제다. ADHD는 집중하지 못하고 산만하며, 과잉행동을 보이는 질환으로 아동들에게서 흔히 발생한다. 예를 들어 수업 시간에 가만히 앉아 있지 못하고 교실을 돌아다니며 산만하게 행동하거나, 친구에게 공격적인 행동을 하는 경우, ADHD의 징후가 있다고 진단된다. 아이들이 다 그런 법이라 생각할 수도 있지만, 심각하게 산만하면 정상적인 학교생활을 할 수가 없으므로 병원의 도움을 받게 된다. 그때 처방받는 약이 이 약물이며, 메틸페니데이트는 주로 콘서타(Concerta), 리탈린(Ritalin)이라는 이름으로, 암페타민은 애더럴(Adderall)이라는 이름으로 출시되어 있다. 이 약들은 뇌의 기억, 주의, 학습, 동기부여 등에 영향을 주는 신경전달물질인 도

파민(Dopamine)과 노르에피네프린(Norepinephrine)의 농도를 증가시켜 주의력을 향상하고 산만한 징후들을 잠재운다. 수업 시간에 산만하게 뛰어다니던 아이들이 차분하게 수업을 들을 수 있게 되는 것. 그런데 이 약을 ADHD 징후가 없는 정상적인 사람이 먹으면, 똑똑해지는 효과가 나타난다고 한다. 예를 들어 암페타민을 복용한 사람들은 단어에 대한 기억력과 창의성이 향상되고 메틸페니데이트를 복용한 사람들은 주의력, 계산력이 향상되는 효과가 나타났다고 한다. 특히, 메틸페니데이트는 일하고자 하는 의욕을 증진해서, 복용자들이 주어진 과제를 재미있고 신나게 느끼게끔 해준다고 한다. 이 약을 먹으면 과제를 할 때 흥미를 느끼며 재미있게 하게 된다는 것이다.

마지막으로 도네페질은 치매 치료제다. 치매는 인지기능이 감퇴되는 질병이다. 주로 노인에게서 발병하며, 처음에는 깜빡깜빡 잊는 약한 증세로 시작해서, 나중에는 조금 전에 일어난 일도 기억하지 못할 정도로 증세가 심각해진다. 도네페질은 이러한 치매 증상을 완화하는 약인데, 정상인이 복용하면 언어에 대한 기억과 경험한 일에 대한 기억력이 향상된다고 한다. 한 연구에 따르면 3분마다 비행 주파수, 고도, 방향을 변경하고, 암호를 제시해야 하는 복잡한 비행조종술 테스트에서 이 약을 먹은 그룹이 먹지 않은 그룹보다 우수한 성적을 보였다고 한다. 즉, 이 약을 먹은 사람들이 복잡한 암호와 학습 내용을 더 잘 기억했다는 것.

약을 먹는 사람들

약으로 뇌가 똑똑해질 수 있다니 신기하다. 더 계산을 잘하고, 더 신나게 일을 하고, 더 창의적인 사람이 된다니! 물론, 알려진 효과들은 모두 몇몇 연구사례에서 보고된 것에 불과하며, 이 약들은 공식적인 뇌 향상 약물이 아닌 치료제다. 그리고 연구사례에서 나타난 약효도 약간의 상승효과일 뿐 한 알 먹는다고 해서 공부에 대한 흥미가 마구마구 샘솟고, 창의적인 생각이 순식간에 떠오르고, 어려운 문제가 그냥 풀리거나 할 정도로 마법 같은 효과는 아니다.

그래도 약에 대한 기대감 같은 게 생길 수 있을 것 같다. 조금만 똑똑해지면 풀 수 있을 것 같은 수학 문제, 조금만 기억력이 좋아지면 해낼 수 있을 것 같은 과제들을 이 약으로 해결할 수 있을 것 같은 기대감 말이다. 약을 먹으면 할 수 있는 게 많아지지 않을까? '한번 먹어보면 좋겠다!'라는 생각도 든다.

그래서인지, 놀랍게도 많은 사람이 건강한데도 불구하고 이 약들을 먹고 있다. 고등학생이나 대학생들이 성적을 올리기 위해 먹기도 하고, 직장인이나 의사, 변호사들이 일의 능률을 올리기 위해 이 약을 먹기도 하며, 기업가들이 20시간 이상 일을 하기 위해 복용하기도 한다. 국제 과학지 《네이처》가 유럽 15개국의 구독자 3만여 명을 대상으로 조사한 결과에 따르면 미국인의 30%, 프랑스인의 16%, 영국인의 23%가 주의력이나 기억력을 향상하기 위해 메틸페니데이트, 모다피닐, 암페타민 등을 먹고 있는 것으로 드러났다. 또 다른 조사에 따르면 미국의 고등학생 10%, 대학생의 20%가 메틸페니데이트를 먹고 있는 것으로 밝혀졌다. 기말 리포트를 쓰려고 5명 중 1명꼴로 대학생들이 이 약을 먹고 있다는 것.

우리나라 역시 이 약물의 복용사례가 늘고 있다. 한 통계자료에 따르면 중학교 2학년과 3학년, 그리고 고등학생들의 시험 기간에 그리고 특히 수능시험을 앞둔 시기에 메틸페니데이트의 처방 건수가 급격하게 증가한다고 한다. 그만큼 약을 치료 목적이 아닌 공부를 잘하기 위한 목적으로 복용하는 사람들이 많다는 것이다.

이 약들은 모두 질병 치료를 위한 약이므로, 처방전 없이 복용하는 것은 불법이다. 그런데도 많은 학생이 "집중을 할 수가 없어요!"라며 거짓으로 ADHD 판정을 받기도 하고, 합법적으로 약을 처방받은 친구들에게서 약을 얻는 방법으로 이 약을 먹고 있다고 한다.

부작용의 위험

많은 사람이 이렇게 불법적인 방법으로 약을 먹고 있다. 이래도 되는 걸까? 위험해 보인다. 부작용은 없을까? 독자들도 예상했겠지만, 이 약물에는 많은 부작용이 있다. 예를 들어 모다피닐

우리나라에도 시험을 잘 보기 위해 약을 먹는 사례가 늘고 있다고 한다.

은 두통, 복통, 설사, 시야 흐림, 신경과민, 불안, 우울 등이 흔하게 나타나며, 드물게 환각, 조증 같은 정신병적 증상, 자살 충동도 유발한다. 게다가 한 연구에 따르면, 창의력이 뛰어난 사람이 복용하면 오히려 창의력이 떨어지기도 한다고 한다. 이외에도 메틸페니데이트는 복통, 탈모, 협심증, 현기증, 발진, 두통 등의 부작용이, 암페타민은 중독, 편집증, 공격성, 조증의 부작용이 있고, 도네페질은 실신, 식욕부진, 구토, 근육경련, 발진, 백혈구 감소, 환각 등의 부작용이 보고된 바 있다.

약을 먹고 효과가 좋아서 영어 단어를 빠른 속도로 암기할 수도 있지만, 약 때문에 어느 순간부터 환각이 보일 수도 있고, 중독에 빠질 수도 있으며, 복통, 설사로 고생을 하거나, 창의적인 생각을 하기 어려워질 수도 있는 것이다. 더 좋아지려다 더 나빠지는 것.

　질병 때문에 삶을 살아가는 데 많은 지장이 있는 사람은 그 질병으로 인한 고통과 약의 부작용을 저울질해 볼 때 부작용을 감수하고 약을 먹는 것이 훨씬 더 이익이 된다. 하지만 집중력을 다소 높이고, 기억을 조금 더 잘하기 위해 환각, 탈모, 실신, 복통, 편집증, 조증 등의 부작용을 감수하는 건 너무 위험하다. 조금 똑똑해지는 대가치고는 너무 큰 손실을 겪을 수 있기 때문이다. 게다가 불법이 아닌가! 그러므로 건강한 사람이 이 약을 먹는 것은 그다지 '똑똑한' 선택은 아닌 듯하다.

기술에게 정의를 묻다

부작용이 없다면 먹어도 될까?

그러면, 만일, 똑똑해지는 약에 부작용이 전혀 없다면 어떨까? 그리고 그 약을 먹는 것이 불법이 아니며, 효과도 매우 크다면? 이런 약이 등장했다고 해보자. 이 약은 IQ를 30 이상 상승시켜주고, 부작용은 없으며, 비타민처럼 합법화된 약이다. 한 알만 먹으면 안 풀리던 수학 문제가 휘리릭 풀리고, 획기적인 논문이 술술 써지고, 기발한 사업 아이템이 마구 쏟아진다. 아직은 이런 약이 개발되지 않았지만 언젠가는 과학기술의 발전을 통해 가능할 것이다. 언제나 과학기술은 우리의 상상을 현실로 만들어주지 않았던가!

영화 〈리미트리스〉(Limitless, 2011)에도 이런 약이 하나 등장한다. 인간은 평생 뇌의 일부밖에는 사용할 수 없는데, 이 약은 뇌의 100%를 다 쓸 수 있게 해준다. 한 알이면 보고 들은 모든 것을 기억하고 잡다한 정보를 순식간에 분석하여 최적의 해결책을 생각

영화 <리미트리스> 속의 한 장면. 주인공 에디는 똑똑해지는 약을 먹고 모든 면에서 자신감이 상승하고, 사회적으로도 성공한다.

해낼 수 있다. 책 한 권을 나흘이면 완성하고, 피아노 연주를 사흘이면 마스터한다. 그뿐 아니라 약을 먹으면 재치있고 고급스러운 언변으로 사람들의 마음까지도 사로잡는다. 무엇이든 척! 하면 착! 하고 뇌가 알려주는 것이다. 영화 속 주인공은 이 약을 먹고 새로운 사람이 된다. 작가였지만 책도 못 쓰고, 돈도 못 벌고, 할 일 없이 거리만 쏘다니던 그는 약을 먹고 단번에 책을 써내고, 주식투자로 부자가 되고, 헤어진 연인과도 다시 만난다. 이런 약이 있다면 얼마나 좋을까? 필자는 이런 약이 있으면 한 알 먹어보고 싶다. 이 글을 쓰고 있는 순간인 지금, 특히나 더.

기술에게 정의를 묻다

만일 이렇게 효과가 좋은 약이 부작용도 없고, 불법도 아니라면 어떨까? 먹어도 되는 거 아닐까? 그래도 독자들 가운데에는 무언가 중요한 것을 놓친 기분이 드는 사람들이 있을 것이다. 그것은 부작용이 없거나 불법이 아닐지라도 우리가 심각하게 고민해보아야 하는 문제가 하나 남아 있기 때문이다. 그 문제는 바로, "이 약이 도덕적으로 문제가 없을까?"에 대한 것이다.

똑똑해지는 약이 부작용이 없고, 법적으로 문제가 되지 않을지라도 약 복용으로 인해 비도덕적인 문제들이 발생할 수도 있다. 부작용이 없어서 나에게는 이익이 되지만 타인에게는 피해가 될 수도 있고, 합법화되었다고 해도 법이 미처 판단하지 못한 사회적인 문제가 나타날 수도 있기 때문이다. 종종 우리는 법에 저촉되지 않으면 나쁜 행동이 아니라고 생각하곤 하는데, 사실 법과 도덕이 항상 일치하는 건 아니다. 예를 들어 애인을 두고 다른 사람을 만나는 것은 법에 저촉된 행동은 아니지만, 분명히 비도덕적인 행동이며, 친구에게 이기적으로 구는 것 역시 불법은 아니지만 바람직하지 않은 행동이다. 이렇게 불법이 아니어도 비도덕적인 행동들은 많다. 그러므로 불법이 아니라고 해서 그 도덕성을 따져보지도 않은 채 똑똑해지는 약을 먹는 건 성급한 일이 될 수가 있다. 그건 마치 불법이 아니니까 애인을 배신해도 괜찮다고 여기는 것이나 다름없다.

따라서 "똑똑해지는 약, 먹어도 될까?"라는 질문에 대답하기 위해서는 먼저 이 약을 먹는 행동이 도덕적으로 옳은 것인지에 대한 깊이 있는 고민이 필요하다. 만일 이 약을 먹는 것이 비도덕적인 행위이고 정의롭지 못한 일이라면, 이것이 법적으로 허용되든 부작용이 없든 간에 이 약을 먹어서는 안 될 것이다.

기술에게 정의를 묻다

똑똑해지는 약, 먹으면 안 된다!

자, 그럼 이제부터 똑똑해지는 약이 도덕적으로 옳은지에 대해 고민해보자. 우선, 똑똑해지는 약을 먹는 것이 옳지 않다는 주장부터 살펴보기로 한다. 이 약을 반대하는 반대론자들은 똑똑해지는 약이 부작용이 없거나 불법이 아니더라도 먹으면 안 된다고본다. 왜 그렇게 생각할까?

속임수다!

반대론자들은 똑똑해지는 약을 먹는 것이 일종의 '속임수'라고본다. 약을 먹고 시험 점수를 잘 받는 것은 자기 자신의 진짜 실력이 아니라 속임수라는 것이다. 약을 이용해서 자신의 힘으로 공부를 하고 시험을 친 것처럼 속이는 행위라는 것.

레온 카스(Leon Kass)나 가브리엘 혼(Gabriel Horn) 등은 똑똑해

1988년 서울 올림픽 육상 100미터 경기에서 칼 루이스를 제치고 앞서나가는 벤 존슨의 모습.

지는 약을 먹고 시험을 보는 것은 마치 스포츠 선수가 스테로이드제를 먹고 올림픽 경기에 출전하는 것과 같다고 말한다. 운동선수가 약을 먹고 좋은 기록을 얻는 건 분명히 부당한 행위이다. 1988년 올림픽 육상 100미터 경기에서 벤 존슨이라는 선수가 그 당시 금메달의 유력 후보였던 칼 루이스를 극적으로 제치고 신기록을 세운 일이 있었다. 무서운 속도로 칼 루이스를 추월하던 그의 막판 스퍼트는 짜릿하고 감동적이었다. 그러나 경기 후 도핑 테스트에서 벤 존슨의 약물 복용 사실이 드러났고, 그는 그만 메달을 박탈당하고 말았다. 그의 멋진 경기는 결국 약물이라는 속임수로 얻어낸 결과였다.

그의 '속임수'는 최소한 두 가지 점에서 잘못을 범했다. 하나는 자신의 실력을 거짓으로 속였다는 점에서 그러하며, 다른 하나는 위장된 실력으로 타인이 받아야 할 금메달을 가로챘다는 점에서 그러하다. 속임수는 속인다는 자체로도 옳지 않고, 타인에게 피해를 줄 수 있기에 옳지 않은 것이다.

반대론자들은 똑똑해지는 약도 마찬가지라고 본다. 시험이라는 경쟁에서 약을 먹고 좋은 점수를 받는 것 역시 약물로 자신의 실력을 거짓으로 속이는 것이며, 타인이 받아야 할 좋은 결과를 가로채는 것이기 때문이다. 약을 먹지 않았다면 30개의 단어만을 암기할 실력인데, 약을 먹고 300개의 단어를 외워 시험에 합격했다고 해보자. 그 시험 성적은 자신의 진짜 실력이 아니라 약을 이용한 속임수에 불과하다. 게다가 그 속임수로 얻은 합격의 영광은 속임수를 쓰지 않았다면 다른 누군가에게 돌아갔을 것이다. 즉 다른 이가 얻었어야 할 합격의 영광을 약을 이용해서 가로챈 것이다. 이렇듯 똑똑해지는 약을 먹는 행위는 운동선수가 약물 복용을 하는 것과 마찬가지로 부당한 행위다. 똑똑해지는 약은 공정한 경쟁을 방해하는 일종의 부정행위인 거다.

그러므로 반대론자들은 똑똑해지는 약을 먹는 건 도덕적으로 옳지 않으며, 운동선수의 약물 복용을 금지하는 것과 마찬가지로 똑똑해지는 약 역시 금지해야 한다고 본다. 언젠가 똑똑해지는 약이 만연하게 된다면, 취직시험이나 수능 시험장에서 수험생에게 도핑 테스트를 해야 할 것이다.

치료가 아니라 향상이라니!

다음으로, 반대론자들이 똑똑해지는 약을 비판하는 또 하나의 이유는 이 약이 치료가 아닌 향상을 목적으로 하기 때문이다. 똑똑해지는 약은 질병을 치료하는 것이 아니라 주어진 능력을 더 향상하는 것이다. 특별히 아픈 데도 없는데 더 나은 능력을 얻으려는 것. 반대론자들은 치료는 정당한 것이지만 향상은 옳지 않다고 본다. 다음과 같은 세 가지 상황을 보자.

〔1〕미미는 인지능력이 현저히 떨어지는 인지장애를 앓고 있다. 그녀는 말을 잘 알아듣지 못해 대화가 어렵고, 지식을 배울 수도 없으며, 옆에서 항상 누군가가 도와주지 않으면 생활을 할 수가 없다. 그래서 부모님은 늘 미미 일로 걱정이 많으셨는데, 마침 지능을 향상해주는 약이 출시되었다. 이제 미미가 그 약을 먹으면 예전보다는 의사소통도 잘하고, 학습도 가능해질 것이다.

〔2〕민호는 곧 공무원 시험을 본다. 열심히 시험준비를 하던 중에 갑자기 기면증에 걸리고 말았다. 그는 시도 때도 없이 졸음이 쏟아지고, 실신한 듯 잠에 빠져버렸다. 시험 날짜는 하루하루 다가오는데 기면증 때문에, 공부를 할 수 없었다. 걱정된 민호는 병원을 찾았고, 모다피닐을 처방받아 약을 먹었다. 다행히 약효가 좋아서 공무원 시험준비를 잘할 수 있을 것 같다.

기술에게 정의를 묻다

〔3〕준희는 수능시험을 한 달 앞두고 있다. 지금까지 공부를 열심히 했지만 불안하다. 더 어려운 문제를 풀어보고 더 많은 걸 암기하고 싶지만, 자신의 능력에는 한계가 있다. 지능이 조금만 더 높아진다면 얼마나 좋을까? 바라던 순간, '마법제약'에서 나온 인지향상 약을 선물로 받았다. 비싸지만 부모님께서 사주신 것이다. 이제 그 약을 먹으면 시험을 잘 볼 수 있을 것이다.

〔1〕, 〔2〕, 〔3〕의 약 복용은 모두 정당한 행동인가? 〔1〕과 〔2〕는 마땅히 그래야 할 것으로 보이며, 바람직하다. 미미는 인지장애가 있어서 약을 먹지 않으면 정상적인 생활을 하기 어렵고, 민호는 기면증 때문에 자신의 실력을 제대로 발휘할 수가 없기 때문이다. 기능에 문제가 있는 사람들을 치료하지 않으면 이들은 다른 사람들처럼 삶을 살아갈 기회를 얻지 못하게 된다. 따라서 〔1〕과 〔2〕의 약 복용은 정당하다.

하지만 〔3〕의 경우는 다르다. 〔1〕과 〔2〕는 정상적인 상태에 도달하고자 치료를 했을 뿐이지만, 〔3〕은 이미 건강하고 정상적인 상태인데도 이에 만족하지 않고 주어진 능력을 약으로 향상하고자 한다. 준희는 자기가 가진 능력보다 더한 것에 욕심을 내고, 더 쉽게 성과를 얻으려는 것이다. 마이클 샌델(Michael J. Sandel)은 이런 태도를 과도한 행위주체성이라고 지적한다. 행위주체성이란 다른 것에 지배를 받지 않고 자기 뜻대로 행동할 수 있음을 뜻한다. 즉, 타인이 아닌 자기의 의지대로 행동할 수 있다는 뜻이다.

그런데 과도한 행위주체성이란 이 행위주체성이 너무 지나쳐서, 모든 걸 내 뜻대로 다 하겠다는 태도를 보이는 것을 말한다. 신이 아닌 이상 인간에게는 한계가 있고, 그러기에 모든 걸 다 자기 뜻대로 할 수는 없는데, 이걸 인정하지 않고 원하는 대로 다 하겠다는 거다. 즉 지나치게 욕심을 부리는 것이다. 샌델을 포함하여 반대론자들은 정상적인 사람들이 똑똑해지는 약을 먹고 좋은 점수를 얻으려 하는 태도가 바로 이런 태도라고 본다. 약까지 먹어가며 지능을 향상하는 것은 지나친 욕심이라는 것이다. 도가 지나쳤다는 것.

그래서 반대론자들은 치료가 아닌 향상을 위해 똑똑해지는 약을 먹는 것을 반대한다. 약학 기술의 발달로 질병을 치료할 수 있다는 것만으로도 충분히 감사한 일인데, 이를 넘어 인간의 정상적인 능력마저 어떻게 해보려는 건 지나친 욕심이라는 것이다. 주어진 능력으로 최선을 다해 노력하고, 그래도 안 된다면 어쩔 수 없는 것이다. 반대론자들은 그 어쩔 수 없는 지점을 겸허히 받아들여야 한다고 본다.

불평등의 문제

마지막으로, 반대론자들이 지적하는 똑똑해지는 약의 가장 심각한 문제는 '불평등'의 문제이다. 반대론자들은 이 약으로 인해, 약을 먹은 사람과 그렇지 않은 사람 간의 불평등이 발생할 것이라고 본다. 불평등은 비도덕이고, 평등은 우리가 지향해야 하는 도덕이다. 그러므로 똑똑해지는 약이 불평등을 일으킨다면, 우리는 그 약을 먹어서는 안 될 것이다.

　약효가 엄청나고 법적으로 허가된, 똑똑해지는 약이 출시되었다고 가정해보자. 그러면 분명히 약을 사먹는 사람들이 생겨날 것이고, 약을 먹은 사람과 그렇지 않은 사람 사이에는 각종 사회적 이익의 격차가 발생할 것이다. 예를 들어 교육, 사회적 지위, 직업, 삶의 질, 경제적인 재산 등에서 차이가 생길 것으로 보인다. 약을 먹으면 똑똑해져서 시험을 잘 볼 것이고, 시험을 잘 보면 더좋은 대학에 입학할 것이며, 약을 먹고 우수한 성적으로 대학을

똑똑해지는 약을 허용하면 빈부격차에 따른 불평등이 더 심해질 수도 있다.

졸업하면 더 좋은 직장, 좋은 직업을 얻고, 더 높은 사회적 지위를 얻을 것이다. 그리고 좋은 직장에서 더 많은 돈을 벌 것이고, 이를 통해 여유롭고 풍요로운 생활을 즐길 수 있을 것이다. 약을 먹지 않은 사람이 고생하며 일하고 있을 때, 약을 먹은 사람들은 따사로운 햇볕과 시원한 바람을 즐기며 해외여행을 떠나는 것이다.

물론, 이러한 격차가 생겨도 약을 원하지 않아서 안 먹는다면 별로 억울할 게 없다. 그러나 문제는 먹고 싶어도 먹을 수 없는 경우가 생긴다는 것이다. 효과가 매력적인 만큼 약값은 비쌀 것이고, 비싼 약에 손을 댈 수 있는 부류는 한정되어 있기 때문이다. 가령, 이 약이 한 알에 10만 원이라고 해보자. 매일 먹으면 한 달에 300만 원, 일 년이면 3600만 원 정도의 비용이 든다. 평범한 사람들은 먹을 수가 없다. 부유한 사람들만이 매일매일 약을 먹고서 공부도 더 잘하고, 시험도 더 잘 보고, 더 좋은 직장에 취직하고, 더 높은 자리로 승진을 하고, 더 많은 돈을 벌 게 되는 것이다. 그리고 결정적인 건, 그 돈으로 더 많은 약을 살 수 있다는 것이다. 즉, 돈이 많으면 약을 먹을 수 있고, 약을 먹으면 성공을 할 수 있고, 성공하면 돈을 더 많이 벌고, 돈을 더 많이 벌면 약을 더 많이 먹을 수 있게 되는 것이다. 돈과 약과 성공의 순환이 일어나는 것! 결국, 빈부격차에 따라 약에 대한 접근의 불평등이 발생하고, 이로 인해 사회적으로 얻을 수 있는 이득의 불평등도 발생한다. 부자들은 약을 먹어 더욱더 잘 살고, 가난한 사람들은 약을 못 먹어 더욱더 어려워지는 것.

약값이 안정되면 괜찮지 않을까? 최신 기술은 처음에는 대체로 비싸지만 나중에는 가격이 하락하는 경우가 많다. 그렇게 된다면 형편이 어려운 사람에게도 약이 주어질 테니 상황이 조금 나아질 것 같기는 하다. 하지만 여전히 부유한 사람들에게 더 유리하다는 사실은 변하지 않는다. 약값이 떨어져서 가난한 사람들이 겨우 약을 살 수 있게 되는 그 무렵이면, 약효가 더 좋은 고가의 신약이 개발될 수 있기 때문이다. 그러면 역시나 이 비싼 신약에 먼저 손을 댈 수 있는 무리는 언제나 부자들이다. 예를 들어 기존의 약효가 암기력을 100% 향상해주는 약인데 신약은 200%를 향상해주는 약이라고 해보자. 평범한 사람들이 저렴하게 약효 100%짜리를 먹는 동안 부유한 사람들은 200%짜리 약을 먹을 것이다. 그렇다면 여전히 시험을 잘 보고, 승진을 더 잘하는 사람은 부자들이 되는 것이다. 약값이 안정되더라도 불평등은 사라지지 않는 것.

솔직히 말해서 이미 우리 사회에는 빈부격차가 있다. 그리고 그 격차에 따라 교육, 사회적 지위, 직업, 삶의 질의 격차도 발생하곤 한다. 돈이 많을수록 좋은 먹거리, 다양한 체험, 적절한 의료, 질 좋은 사교육, 화려한 스펙 등을 누리고 쌓을 수 있으니, 더 좋은 대학, 더 좋은 직장에 들어갈 확률이 높고, 더 여유로운 삶을 누릴 가능성도 커진다. 돈으로 공부하고, 실력을 쌓고, 포트폴리오를 만들고, 직장에 들어간다. 똑똑해지는 약이 없었던 때부터 이미 불평등은 존재했다. 그러니 똑똑해지는 약을 금지한다고 해서 불평등이 해결되지는 않는다. 그러나 문제는 똑똑해지는 약을 금지하지 않으면, 현재의 불평등은 돌이킬 수 없이 가속화되고 악화된다는 것이다. 약 때문에 스펙을 쌓는 속도가 급격하게 빨라지고 스펙의 질도 월등해질 것이기 때문이다. 부자들이 더 빠른 속도로 더 손쉽게 성공하고 돈을 버는 동안 가난한 이들은 그 속도만큼 불평등을 더 빨리, 더 깊게 겪는 것이다. 약이 없던 시절에는 열심히 공부해서 좋은 직장에 취직할 기회라도 생겼지만, 똑똑해지는 비싼 약이 존재하는 세상에서 그 기회는 약의 뛰어난 효과만큼 줄어들게 된다. 세상이 더 나빠지는 것이다.

닐 레비(Neil Levy)는 이렇게 불평등이 심해지면 사회적 연대감이 약화될 수 있다고 말한다. 사회적 연대감이란 사회에 속해 서로 연결되어 있음을 느끼는 마음을 말한다. 레비는 똑똑해지는

닐 레비는 생명윤리, 뇌신경윤리, 심리철학 등에 대해 많은 논문을 저술한 철학자이다.

약으로 인해 불평등이 심해지면 사회적 양극화가 극심해질 것이라고 본다. 즉 부자가 더 부유해지고 가난한 자가 더 가난해져서 계층의 양극화가 뚜렷해진다는 것이다. 레비는 이렇게 양극화가 심해지면 부자들이 가난한 사람들을 '자신을 위해 태어난 도구'라고 여기게 될 것이라고 본다. 가난한 사람을 자신들과 '같은 사람'이라 생각하지 못하고, 자신들과 격이 다른 존재, 자신들을 밑

에서 떠받들어주는 도구로 생각하기 쉽다는 것이다. 또한, 레비에 따르면 가난한 사람들은 부자들의 성공을 조롱할 것이라고 한다. 그들이 보기에 부자들의 성공은 그저 약으로 얻은 것이기 때문이다. 태어나 보니 운이 좋아 부잣집이고, 그래서 약을 먹을 수 있었고, 그 약으로 공부를 하고 대학을 가고 출세를 하니까 말이다. 실력이 아닌 약으로 거둔 성공을 인정하고 존중할 수 없는 것. 즉, 약으로 계층이 양극화된 세상에서는 연대하는 마음 대신 상대를 도구화하거나 조롱하는 적대감이 자리하는 것이다.

반대론자들은, 그래서 이 약을 금지해야 한다고 본다. 지금도 해결하지 못한 불평등이 난무하는데 이를 더 심화시켜서는 안 된다는 것이다. 반대론의 입장에서 똑똑해지는 약은 세상을 더 나쁘게 만드는 약인 셈이다.

똑똑해지는 약, 먹어도 된다!

앞에서 똑똑해지는 약을 반대하는 반대론을 살펴보았다. 반대론자들의 주장에 공감이 가는가? 반대론에 고개가 끄덕여지는 독자들도 있겠지만, 설득력이 없다고 느끼는 독자들도 있을 것이다. 철학자 가운데에도 반대론의 주장이 옳지 않다고 주장하는 이들이 있다. 예를 들어 닉 보스트롬(Nick Bostrom), 레베카 로치 (Rebecca Roache), 앨런 뷰캐넌(Allen Buchanan) 등이 그러하다. 이들은 반대론의 주장은 똑똑해지는 약을 반대할 만한 충분한 근거가 될 수 없으며, 똑똑해지는 약을 금지하는 것이 오히려 비도덕이라고 주장한다. 이들의 찬성론을 살펴보자.

치료와 향상의 모호함

반대론자들은 한결같이 질병을 치료하는 것은 바람직하지만,

치료를 넘어 능력을 확장하는 것은 바람직하지 않다고 본다. 인지장애가 있거나 기면증에 걸린 경우라면 치료를 위해 약을 먹어도 되지만, 상태가 정상인데도 더 똑똑해지려 약을 먹는 것은 옳지 않다는 것이다.

그러나 찬성론자들은 이러한 주장이 정당하지 않다고 본다. 치료와 향상을 명백하게 구별하는 것 자체가 어렵기 때문이다. "치료는 괜찮은데 향상은 나쁜 것!"이라고 주장하려면 먼저, 치료가 어떤 것이고 향상이 어떤 것인지를 구분할 수 있어야 하는데, 그 구분이 생각보다 쉬운 게 아니다. 예를 들어 덧니교정이나 라식수술은 치료일까 향상일까? 덧니교정은 이를 정상적인 모양으로 배열하는 것이니까 치료인 것 같기도 하고, 시술받아 더 예뻐진다는 점에서는 향상인 것 같기도 하다. 라식수술은 나쁜 시력을 바르게 고친다는 점에서는 치료지만, 수술로 타고난 시력을 바꾼다는 점에서는 향상이다. 생각하기에 따라 치료와 향상의 경계가 왔다 갔다 한다. 모호하다. 치료와 향상의 경계를 나누어줄 기준이란 게 있을까?

반대론자들은 대체로 '정상'이라는 개념으로 치료와 향상을 구분하곤 한다. 치료는 비정상적인 상태를 정상적인 상태로 회복하는 것이고, 향상은 정상적인 상태보다 더 나은 상태가 되려는 행위라는 것이다. 그러나 보스트롬이나 로치 등의 찬성론자들은 그 '정상'이라는 개념 자체가 매우 모호한 개념임을 지적한다. '정상'은 대다수에게 널리 나타나는 일반적인 상태를 말한다. 그러나 대다수에게 널리, 일반적으로 나타난다는 것은 어떤 것을 말하는 것일까? 인간 전체의 90%를 말하는 것일까? 아니면 95%나 97%일까? 혹은 평균값의 표준편차 20%나 10%를 말하는 걸까? 어떤 비율이 정확하게 정상의 범위에 해당하는지를 설명하기란 쉬운 일이 아니다. 게다가 정상 상태 구분을 위한 통계학적 기준을 어떤 범위에서 정해야 하는지도 명확하지 않다. 시대, 연령, 인종, 사회적 배경, 경제적 배경에 따라 그 상태가 달라지기 때문이다. 예를 들어 석기시대의 평균수명은 30세에 불과했지만, 현재의 평균수명은 100세를 달리고 있으며, 평균 키는 30년 전보다 6~7cm 정도 더 커졌고, 딩카족(수단 남부, 나일강 유역에 사는 종족)의 평균 키와 일본인의 평균 키는 20cm 이상, 홍콩인과 소말리아인의 평균 IQ는 20 이상 차이가 난다. 어떤 비율, 어떤 배경이 정상의 기준이 될 수 있을까? 무엇이 정상인지는 명확하게 설명하기 어렵다.

물론 정상 여부를 쉽게 분별할 수 있는 사례도 있다. 시대나 환경에 상관없이 99% 이상의 사람들이 가진 특성의 경우에는 해석의 여지 없

© Shutterstock.com

평균 키는 시대나 환경에 따라 다를 수 있다.

기술에게 정의를 묻다

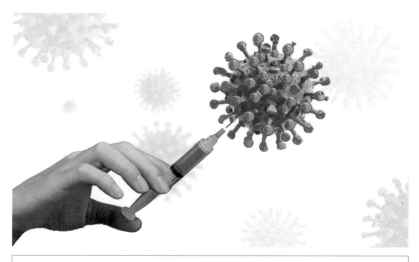

예방 백신은 치료일까, 향상일까?

이 정상적이라고 말할 수 있을 것이다. 그러나 그렇게 정상을 분별할 수 있어도, 그 기준이 반드시 치료와 향상을, 반대론자들이 원하는 방식으로 구분해주지는 않는다. 예를 들어 인간은 모두 바이러스에 취약하다. 시대나 환경에 상관없이 99% 이상의 사람들이 그러하므로, 인간이 바이러스에 약하다는 건 정상이라고 볼 수 있다. 그렇다면 예방 백신을 투여하는 것은 향상에 해당한다고 보아야 할 것이다. 인간의 정상적인 면역력을 백신으로 확장하는 것이기 때문이다. 따라서 반대론자들은 예방 백신을 비도덕적인 것으로서 반대해야 한다. 정상적인 사람이 똑똑해지는 약을 먹는 것이 향상인 것처럼, 정상적인 사람이 예방백신을 맞는 것도 향상에 해당하기 때문이다.

치료와 향상을 구별해주는 다른 개념으로 '질병'이나 '건강'은 어떨까? 이를 기준으로 한다면 예방 백신은 치료에 해당할 것이다. 그러나 찬성론자들은 질병이나 건강 역시 모호한 개념이라고 본다. 우선, 질병은 역사적으로 볼 때 그 목록이 유동적으로 변화해왔다. 1960년대만 해도 동성애는 정신질환에 속했으나 현재에는 질병의 범주에 들지 않으며, 현재의 정신질환의 목록은 1950년대에 비해 400가지 이상 많아졌다. 예전에는 질병으로 분류되었지만, 현재는 질병이 아닌 것도 있고, 과거에는 질병이 아니었으나 현재는 질병으로 분류되는 것도 있다. 왜냐면, 질병의 목록은 상당 부분 사회, 문화적 가치, 개인의 주관적인 경험이나 선호 등에 영향을 받기 때문이다. 사회 분위기나 가치, 선호에 따라 특정 증상이 질병의 목록에 등록되기도 하고 제거되기도 하는 것이다.

사실상, 메틸페니데이트가 만들어진 이유가 된 ADHD라는 질병도 1970년대 이전에는 명칭조차 없었던 질병이다. 아이들이 떠들썩하고 산만한 건 아직 어려서 그렇다고 생각하거나, 기다리면 곧 나아질 것이라고 여기던 사회 분위기에서는 이 산만함이 심각한 질병으로 고려되지 않았던 반면, 현대 사회에 들어서는 상당히 흔한 질병이 되었다. 현대 사회는 공부와 학습이 매우 중요한 사회가 되었기 때문이다. 학습을 중요시하는 사회적 분위기일수록 많은 아동이 ADHD로 진단되었고, 치료제가 처방되었다. 놀라운 건, ADHD 증상은 극히 일부를 제외하고는 대부분 치료제를 먹지 않아도 크면서 사라진다는 것이다. 즉, 약을 먹고 있는 아동들의 대부분은 그대로 놔두어도 상태가 좋아질 아이들이라는 것. 그런데도 약이 처방되는 것은 학습이라는 사회적 가치와 학부모들의 선호 속에서 산만함을 하나의 질병으로 규정하고 있기 때문이다. 앞으로는 어떨까? 공부를 못하는 것도 질병이 되지 않을까?

'건강'이라는 개념 역시 명확한 개념이 아니다. 건강이란, 세계 보건 기구에 따르면, 신체적, 정신적, 사회적으로 완전히 안녕한 상태를 말한다. 그런데 '안녕한 상태'는 개인에 따라 주관적일 수밖에 없다. 누군가에게 그것은 살아가기에 문제가 없는 상태일 수도 있고, 누군가에게는 만족할 만한 상태일 수도 있으며, 누군가에게는 바람직한 상태일 수도 있다. 그래서 이 기준에 따르면 ADHD 때문에 건강하지 못한 사람도 있지만, 똑똑하지 못해서 안녕하지 못한 사람도 있을 수 있다. 그렇다면 ADHD로 인해 메틸페니데이트를 먹든, 똑똑해지기 위해 메틸페니데이트를 먹든 두 행위는 모두 건강을 위한 행위에 해당할 것이고, 둘 다 치료에 해당한다고 보아야 할 것이다.

이렇듯 치료와 향상의 경계는 모호하며, 명확하게 구별되지 않는다. 치료와 향상을 구분해준다는 '정상', '안녕', '질병'의 개념은 다양한 해석이 가능하다. 인지장애가 있는 미미가 정상적인 삶을 살기 위해 약을 먹는 것이라면, 수능을 앞둔 준희 역시 대학을 나와 정상적으로 살기 위해 약을 먹는 것이라 해석할 수 있고, 민호가 기면증 때문에 안녕한 상태가 아니어서 약을 먹는다면, 준희 역시 시험 불안 때문에 안녕하지 못해 약을 먹는 것이라 주장할 수 있다. 따라서 찬성론자들은 치료/향상이라는 모호한 기준으로 똑똑해지는 약을 비도덕적인 것으로 규정하는 반대론자들의 주장은 옳지 않다고 비판한다.

커피, 교육, 그리고 똑똑해지는 약

나른하고 졸음이 쏟아지는 오후 우리는 정신을 차리기 위해, 또는 조금이라도 집중하려고, 커피를 한 잔 마시곤 한다. 커피 속의 카페인 성분은 각성효과로 주의력을 향상해주고, 혈액순환에 도움을 주어 피로를 감소시키기 때문이다. 커피가 졸리고 나른해진 뇌의 기능을 향상해주는 것이다.

커피뿐 아니라, 사탕이나, 호두, 고등어 등을 먹는 것도 뇌 기능을 향상하는 데 도움이 된다. 사탕 속에는 뇌 활동을 가능하게 하는 에너지원인 포도당이 들어 있고, 호두에는 기억력을 향상하는 마그네슘이 고등어에는 뇌 신경세포를 활성화하는 DHA, 오메가 3가 들어 있기 때문이다.

우리가 학교에서 교육받고, 공부하는 것 역시 뇌 기능을 향상하는 역할을 한다. 읽고 쓰기, 계산하기, 과학, 역사, 도덕 등 다양한 학문을 배우는 것은 우리의 인지능력을 향상한다. 읽고 쓰고 계산하는 것은 정보를 체계화하고, 분석하는 능력을 향상하며, 다양한 학문은 이해력과 문제해결 능력을 키워준다. 역사적으로

커피 한 잔은 각성효과가 있어서 집중력을 상승시킨다.

인간은 이러한 교육과 학습을 통해 뇌를 끊임없이 자극해왔고, 생각하는 능력을 키워왔다. 이것은 인위적인 인지 향상이다.

생각해보니 똑똑해지는 약은 새로운 게 아니었다. 우리는 예전 부터 다양한 방법으로 인지력을 향상했다. 커피 한 잔 마시면서, 학원도 다니면서, 뇌에 좋은 음식도 먹으면서 똑똑해지고자 한 것이다. 이러한 것은 비도덕적인 일인가? 찬성론자들은 반대론 자들의 주장대로 똑똑해지는 약이 그렇게 나쁜 것이라면 커피 한 잔을 마시는 것도 나쁜 것이 될 수 있다고 비판한다.

그러나 그 누구도 커피 한 잔 마셨다고, 학원에 간다고 해서

"저런 나쁜 사람이 있나!!"라고 외치는 사람은 없다. 그러면 커피나 학원은 괜찮은데, 똑똑해지는 약만 나쁜 이유는 무엇인가? 똑똑해지는 약이 진짜 실력이 아닌 속임수라면 커피나 학원도 마찬가지다. 커피의 카페인으로 집중력을 향상하고 족집게 과외 선생님의 훌륭한 가르침으로 사고력을 확장하는 것 역시 자신의 진짜 실력으로 일어난 일은 아니기 때문이다. 똑똑해지는 약이 속임수라면, 커피나 학원도 속임수라 볼 수 있다. 커피를 마시지 않았다면 회의에서 중요한 사항을 놓쳤을 것이고, 학원을 가지 않았다면 그 문제를 틀렸을 테니 말이다. 우리는 커피를 마시고 회의실에 들어온 동료에게 이렇게 말해야 할 것이다. "속임수 쓰지 말라구요!"

찬성론자들은 커피나 교육이 나쁜 게 아니라면, 똑똑해지는 약도 나빠야 할 이유는 없다고 본다. 알약이든 커피든 교육이든 이것들은 모두 '똑똑해지는 향상'이라는 점에서 같기 때문이다. 집중력이 떨어지는 나른한 오후, 똑똑해지는 커피 한 잔이 옳은 것이라면, 똑똑해지는 약도 옳다는 것이다.

똑똑해지면 좋은 게 많다!

지금까지 살펴본 찬성론자들의 주장을 잠깐 정리해보자. 찬성론자들은 치료와 향상의 구분이 모호하고, 약에 의한 향상이나 커피에 의한 향상이나 별반 차이가 없으므로, 유독 똑똑해지는 약만을 '비도덕이다!'라고 주장할 수 없다고 본다. 즉, 치료나 커피, 교육을 찬성하면서 유독 이 약만을 반대할 수 없다는 것이다. 그러나 이러한 주장만으로는 똑똑해지는 약이 도덕적으로 허용될 만하다는 주장이 따라 나오지는 않는다. 반대할 수 없다고 해서 지지해야 하는 것은 아니기 때문이다. 그러므로 이 약을 적극적으로 옹호하기 위해서는 그럴듯한 이유가 필요하다. 그 이유는 무엇일까?

찬성론자들은 똑똑해지는 약을 지지하는 가장 큰 이유로, 이 약의 '유익성'을 꼽는다. 똑똑해지는 약을 먹으면 좋은 일들이 많아진다는 것. 똑똑해지면 얻을 수 있는 이익들이 많기 때문이다. 우선, 똑똑해지면 과학의 발전을 기대할 수 있다. 잘 진척되지 않던 연구가 성공을 거둘 수도 있고, 기술이 획기적으로 발전하게 될 수도 있다. 과학자들이 약을 먹고 더 똑똑해져서 정체되었던 줄기세포 연구가 성공했다고 해보자. 그러면 화상을 입어도 피부가 재생될 수 있고, 교통사고로 잃은 다리도 다시 생겨날 수 있으며, 치매 환자가 기억력을 되찾을 수 있게 된다. 또한, 로봇공학, 자동차공학, IT, 가상현실 등의 기술이 지금보다 더 획기적으로 발전할 수 있다. 그렇게 되면 우리의 일상은 더할 나위 없이 편리해질 것이다. 우리는 편안하게 로봇이 해주는 요리를 먹고, 로봇에게 허드렛일을 시키며, 자동차로 하늘을 날고, 생생한 가상현실 속으로 친구와 함께 여행을 떠날 것이다. 똑똑해지는 약은 우리가 꿈꾸던 세상을 한 걸음 더 앞당기는 것이다.

그뿐 아니라, 똑똑해지는 약은 사회적 문제들을 해결할 정책을 만드는 데에도 도움이 될 수 있다. 똑똑해지면, 현재의 머리로는 해결할 수 없었던 사회적 난제들을 보다 합리적이고 효과적인 방법으로 해결할 수 있을 것이기 때문이다. 각계각층의 복잡한 이익들을 절충하고, 소외 계층에게 더 나은 복지를 제공하고, 불평등한 경제구조를 해소하고, 환경을 개선할 정책들이 나올 수도 있는 것이다. 좋은 정책이 많이 나올수록 우리의 삶은 행복해진다.

그리고, 똑똑해지는 약은 가난으로 고통받을 가능성을 감소시켜준다. 똑똑해지면 돈을 더 많이 벌 수 있기 때문이다. 똑똑해지면, 좋은 사업 아이템을 구상할 수 있고, 판매전략도 효과적으로 세울 수 있고, 소비 패턴도 정확히 분석하고, 업무 능력도 향상되기 때문에 예전보다 경제적으로 성공할 가능성이 커진다. 설령 사업에서 실패해도 좋은 기획력으로 새로운 일자리를 찾을 수도 있고, 취직에 실패하더라도 다른 길을 보다 빨리 찾을 수 있다. 똑똑해지는 약은 가난하고 힘든 삶의 가능성을 줄여주는 것이다. 게다가 이렇게 경제적으로 성공할 가능성이 커지면, 건강해질 가능성도 함께 커진다. 돈이 있으니 주기적으로 건강을 체크할 여유가 생기기 때문이다.

이렇듯, 똑똑해지면 좋은 일이 많이 생긴다. 더 편해지고, 더 행복해지고, 더 많이 벌고, 더 건강해진다. 그리고 이렇게 좋은 일이 많이 생길 뿐 아니라, '똑똑해지는 것 자체'가 좋은 일이기도 하다. 똑똑해진다는 건, 과거를 잘 기억하고, 계획을 잘 세우며, 창

기술에게 정의를 묻다

의력이 좋아지고, 위대한 문학을 감상할 줄 알고, 다른 사람을 잘 이해할 줄 안다는 것이다. 이렇게 되는 건, 그 자체로 좋은 것이다. 보스트롬은 이걸 '인간 번영'이라고 부른다. 이성적 존재인 인간이 이성을 잘 활용하여 잘 기억하고, 계획하며, 생각할 줄 안다는 것은 인간이 인간으로서 번영하는 것이기 때문이다. 똑똑해진다는 건 인간이 인간으로서 발전하는 것이다.

그러므로 똑똑해지는 것은 유익하며, 좋은 거다. 그래서 찬성론자들은 똑똑해지는 약을 지지하는 것이 도덕적으로 옳다고 본다. 우리가 더 편리하고 더 행복해지고 좋은 일이 많아지는데 이걸 비도덕이라고 볼 이유는 없다는 것이다. 좋은 게 좋은 거 아니겠는가!

물론, 똑똑해지는 약으로 인해 좋은 일만 가득해지는 건 아니다. 반대론자들이 염려하듯이 똑똑해지는 약으로 인해 불평등이 생길 수도 있기 때문이다. 불평등은 분명히 불이익이다. 그러나 찬성론자들은 똑똑해지는 약을 금지한다고 해도 이 불평등이 해결되는 건 아니라고 본다. 약을 금지하면 암시장이 생길 수 있기 때문이다. 이 약을 원하는 이들이 많은데 엄연히 존재하는 약을 금지하면 자연스럽게 암시장이 형성될 수밖에 없다. 그리고 암시장에서의 약값은 비싸기 마련이다. 그러니 역시나 부자들만이 약을 손에 넣을 것이고, 그들만이 똑똑해지는 약의 혜택을 가져갈 것이다. 결국, 약을 금지해도 약으로 인한 불평등은 막을 수 없게 되는 것이다.

닉 보스트롬은 복제, 인공지능, 생명공학, 인지 향상, 나노기술 등 미래기술에 대한 철학적 견지를 펼쳐온 철학자이다.

　찬성론자들은 오히려 이 약을 허용하는 게 불평등을 감소시키는 하나의 방법이라고 본다. 약이 허용되면 약값은 대중화될 것이고, 국가적 지원도 가능할 것이기 때문이다. 찬성론자들은 똑똑해지는 약으로 인한 사회적 이익이 매우 크기 때문에 국가는 교육을 지원하듯 가난한 사람들을 위해 이 약을 지원해야 한다고 본다. 즉 불평등이라는 불이익을 최소화하는 방향으로 제도를 보완해야 한다는 것이다.

　찬성론자들은 우리에게 다가올 이익과 불이익을 잘 계산해보면 이익이 더 많을 것이라고 내다본다. 이 약을 금지하면 똑똑해져서 얻어질 개인의 행복과 사회 전체의 이익들이 제한되고, 암

기술에게 정의를 묻다

시장으로 인한 불평등이 양산된다. 그리고 개인의 똑똑해질 자유도 억압된다. 그러나 이 약을 허용하면 과학이 발전하고, 좋은 정책이 쏟아지고, 사회 전체의 행복이 증가하고, 인간 번영에 이바지한다. 약으로 인해 생길 불평등은 국가적 지원으로 잠재울 수도 있다. 불평등을 잠재울 제도를 보완하면서 똑똑해지는 약을 허용한다면 우리에게는 나쁜 일보다는 좋은 일이 더 많이 생길 것이다. 따라서 찬성론자들은 더 이익이 되는 방향으로 나아가는 것이 옳다고 본다. 똑똑해지는 약을 먹는 것은 도덕적으로 정당하다는 것이다.

지금까지 똑똑해지는 약에 대한 상반된 입장을 살펴보았다. 물론 학자들의 논쟁이 끝난 건 아니다. 과연 불평등이 제도를 통해 완화될 수 있는지, 뇌 향상이 왜 나쁜 것인지에 대한 토론은 지금도 계속 진행 중이다. 어느 측의 주장이 옳은 것일까? 독자들은 어떻게 생각하시는지? 과연 이러한 기술을 사용하는 건, 정의롭지 못한 것일까? 이 문제에 대한 '똑똑한' 고민이 필요한 때다. ✎

2장

잊고 싶은 기억,
지울 수 있다면?

누구나 잊고 싶은 기억이 있다. 그런데 잊고 싶은 기억은 이상하게도 잊히지 않는다. 잊으려 할수록 자꾸만 떠오르고, 지우려 할수록 또렷이 기억이 난다. 만일 이 괴로운 기억들을 지우개처럼 지워주는 기술이 등장한다면 어떨까? 괴로운 기억에서 해방되니 행복해질까? 아니면 예상치 못한 다른 일이 생겨날까?

기억을 지울 수 있을까?

기억이 나를 괴롭힐 때

우리는 기억 속에서 산다. 따뜻한 엄마의 품속, 웃고 떠들며 놀던 학창 시절, 놀이공원의 아찔한 즐거움, 따사로운 오후의 시원한 바람, 어제 만난 친구와의 즐거운 대화, 작년에 읽었던 책, 오늘 점심때 먹은 달콤한 아이스크림……. 기억은 흘러간 순간들을 다시 붙잡아 내게 떠올려 준다. 덕분에 우리는 행복했던 지난날을 다시 느껴 볼 수 있고, 지식을 쌓을 수 있으며, 어제와 오늘을 연결하고, 미래를 계획할 수 있다. 생각해보니 기억은 참 고마운 능력이다!

하지만, 이 고마운 능력인 기억 때문에 괴로울 때가 있다. 기억은 고통스러워서 잊고 싶은 순간들도 다시 붙잡아 내게 떠올려 주기 때문이다. 예를 들어 교통사고 현장에서 사람이 죽어 나가는 끔찍한 광경을 보게 되었다고 해보자. 다시는 그 끔찍한 광경을 보고 싶지 않지만, 기억은 계속해서 그 광경을 다시 떠올려준다. 다음날도 그다음 날도. 끔찍한 광경이 기억날 때마다 충격과 공포가 엄습해온다. 기억이 나를 괴롭히는 것이다.

사랑하던 연인과 헤어진 경우도 마찬가지다. 헤어진 연인에 대한 기억 역시 사람을 괴롭힌다. 그녀와 즐거웠던 순간들, 함께 본 영화, 함께 나누었던 대화들…… 그녀에 대한 모든 기억은 떠오르면 떠오를수록 가슴을 후비며 상처를 준다. 기억하고 싶지 않지만, 어디선가 음악이 흘러나와도, 누군가 즐겁게 떠드는 소리만 들려도 기억은 불쑥불쑥 찾아와 나를 괴롭힌다.

시간이 흘러 기억이 무뎌지면 다행이지만, 이상하게도 괴로운 기억은 잘 잊히지 않는다. 그래서 오랫동안 실연 때문에 괴로워하기도 하고, 교통사고에 대한 트라우마를 겪기도 한다. 잊어버리기 위해 술을 마시기도 하고, 새로운 일을 해보기도 하지만 뜻대로 되지는 않는다.

괴로운 기억이 이렇게 잘 잊히지 않는 이유는 우리 뇌의 특수한 시스템 때문이라고 한다. 뇌는 정신적 고통이나 충격을 받으면 스트레스 호르몬을 분비하는데, 이 스트레스 호르몬이 기억을 더 잘 할 수 있게 해주는 '기억 응고 호르몬(에피내프린, epinephrine)'을 촉진한다는 것. 즉, 우리가 어떤 사건 때문에 고통을 느끼면, 기억을 잘하게 해주는 호르몬이 분비되어서 그 사건이 또렷하게 기억으로 남는 것이다. 그리고 그 기억은 시간이 흘러도 좀처럼 잊히지 않는다. 왜냐면 괴로운 사건은 기억날 때마다, 스트레스 호르몬이 분비되기 때문이다. 스트레스 호르몬이 분비되면, 기억 응고 호르몬이 또다시 분비되어 그 사건에 대한 기억은 더 강화된다. 즉, 고통스러운 기억은 떠오르면 떠오를수록 점점 더 또렷하게 기억되는 것이다. 기억하고 싶지 않은데, 기억이 나고, 기억이 나면 고통스럽고, 고통을 느끼면 더 잘 기억하게 되는 것. 정말 괴로운 일이다.

기억의 특성

이 괴로운 기억의 감옥에서 어떻게 하면 벗어날 수 있을까? 머릿속을 지우는 지우개라도 있다면 좋겠다. 원하는 부분만 쓱싹쓱싹 지워버리면 얼마나 좋을까? 영화 〈이터널 선샤인〉(Eternal Sunshine of the Spotless Mind, 2004)에는 이런 소망을 이루어주는 기계가 하나 등장한다. 기계를 머리에 쓰기만 하면 원하는 기억을 지우개처럼 말끔하게 지워주는 것! 영화 속 남녀 주인공은 결별 후 서로에 대한 기억을 기계로 지워버린다. 여자는 남자에게 상처받은 기억 때

영화 〈이터널 선샤인〉의 한 장면

문에 괴로워서 지우고, 남자는 기억을 지운 여자 때문에 괴로워서 기억을 지운다. 그들은 서로에게 준 상처와 아픔을 '기억지우개'로 없앤 것이다.

과연, 이러한 일은 가능할까? 과학자들은 그게 그렇게 불가능한 일은 아니라고 말한다. 왜냐면 기억이라는 것 자체가 생성되었다가 사라지기도 하고 변화되기도 하고 조작되기도 하는 그런 특성이 있기 때문이다.

한번 어제의 일을 기억해보라. 나의 기억은 어제의 일을 비디오처럼 재생하지 않는다. 나의 기억은 '학교', '재미없는 철학 수업', '집에서 본 TV 프로그램'처럼 띄엄띄엄 떠오르는 몇 가지 단편적인 장면들을 단서로 회상된다. "아침에 학교에 갔었고, 철학 수업을 들었는데 정말 재미없었고, 집에 와서 TV를 봤었지." 이런 식으로 말이다. 즉, 기억은 아침부터 저녁까지의 일을 있는 그대로 녹화된 영상처럼 재생하는 게 아니라, 내가 경험한 몇몇 장면 조각을 이어붙여 '재구성'하는 것이다.

이러한 기억의 재구성은 기억하는 사람의 관심, 믿음, 감정 등에 영향을 받는다. 그래서 같은 사건일지라도 사람들은 서로 다른 것을 기억하기도 한다. 예를 들어 비 오는 날 두 남녀가 만나서 다투었다고 해보자. 다음 날 이 사건에 대한 기억은 각자의 관심, 감정에 따라 달리 기억될 수 있다. 이를테면, 여자는 "어제 비가 오는데 그 남자가 우산도 혼자만 쓰고 이상한 휘파람만 불더니 나더러 나쁜 사람이라고 말했다"라고 기억하지만, 남자는 "어

제 내가 휘파람을 불고 있는데 그 여자
가 갑자기 신경질을 내고는 집에 가 버
렸다"로 기억할 수도 있는 것이다. 여자
는 남자가 우산을 혼자만 쓰고 나쁜 사
람이라고 비난한 부분이 감정을 건드린
부분이라면 남자에게 그 부분은 관심이
없기에 기억이 나지 않으며, 남자가 관
심을 둔 여자의 신경질은 역시나 여자
의 기억 속에는 존재하지 않는다.

엘리자베스 로프터스는 인지심리학자
이자 인간 기억 전문가이다.

　이렇듯 기억은 기억하는 자의 관심이나 감정, 믿음에 따라 재
구성되는 것이다. 그리고 이러한 기억은 시간이 지날수록 기억하
는 자의 관심의 정도에 따라 이야기가 더 붙여져 과장되기도 하
고 점차 삭제되기도 한다. 그래서 몇 년 후 두 사람의 기억은 전혀
다른 것이 될 수도 있다. 누군가에게 그날은 비만 오면 생각나는
슬픈 날이지만, 누군가에게 그날은 전혀 기억나지 않는 날이 될
수도 있는 것!

　게다가 기억은 종종 경험하지 않은 사건을 마치 경험한 듯 조
작하기도 한다. 엘리자베스 로프터스(Elizabeth F. Loftus)라는 심리
학자는 가짜 기억이 얼마나 쉽게 구성되는지를 여러 실험을 통해
보인 바 있다. 그중 하나를 소개하면 다음과 같다.

　로프터스는 피실험자들에게 책자를 나누어주고 읽게 한 후에
유년 시절에 대한 기억을 떠올려보라고 주문한다. 책자에는 각자

가 실제로 겪었던 사건 세 가지와 전혀 겪어보지 않은 가짜 사건
이 섞여 있었다. 그 가짜 사건은 "쇼핑몰에서 길을 잃은 적이 있
다"는 것. 책자를 보고 기억나는 것이 있다면 말해보라고 하자 놀
랍게도 피실험자의 25%가 어린 시절 쇼핑몰에서 길을 잃은 적이
있다고 대답했다. 그들은 실제로 없었던 일을 마치 진짜로 있었
던 것처럼 기억해냈다. 그것도 아주 상세하게 말이다. 인자한 할
아버지가 데스크까지 데려다주었고 이런저런 대화를 나누었으
며, 무서워서 울었다는 것까지 자세하게 기억해냈다. 책자에 적
힌 내용 하나 때문에 애초에 없던 기억이 새로 만들어진 것이다.

　이렇게, 기억이라는 것은 구성과 변경, 조작이 가능하다. 기본
적으로, 기억은 재생이 아니라 재구성이고, 재구성하는 사람의
필요와 관심에 따라 특정 부분이 제거되거나, 확장되고, 허위로
만들어지기도 한다. 말하자면, 기억은 기억하는 자가 인위적으로
뚝딱뚝딱! 만드는 것. 이런 것이 기억의 특성인데, 과학기술을 이
용해서 조금 더 인위적으로 뚝딱뚝딱 특정 부분을 제거하거나 확
장하며 만드는 일이 그렇게 불가능할 것 같지는 않다.

기억을 조작하는 기술들

　사실, 과학계에서는 이미 오래전부터 기억을 지우거나 만드는
'기억조작술'에 대한 연구를 진행해왔다. 기억을 지우거나 다른
기억을 심는 등 다양한 실험들이 성공을 거두어왔고, 현재에도

많은 연구가 발전적인 형태로 진행되고 있다.

가장 오래된 기억조작술은 '프로프라놀롤(Propranolol)'이라는 약물이다. 이 약은 고통스러운 기억을 완화하는 데 효과가 있다. 고통스러운 사건은 스트레스 호르몬을 분비하여 기억을 더욱 또렷하게 만드는데, 이러한 현상이 심해지면 사람들은 외상후 스트레스 장애(PTSD: Post-Traumatic Stress Disorder)를 앓게 된다. 끔찍한 기억이 반복적으로 떠올라 일상생활이 어려워지는 것이다. 이때 프로프라놀롤은 스트레스 호르몬의 분비를 저지해서 기억이 강화되지 않도록 막는 역할을 한다. 아픈 기억이 떠오르더라도 고통을 덜 받게 하여 기억이 반복적으로 떠오르지 않고, 점차 무뎌지도록 하는 것이다. 기억 자체를 완전히 지우는 것은 아니지만 점차 기억에서 벗어나도록 해준다는 점에서 일종의 기억지우개라고 볼 수 있다.

최근에는 광유전학을 이용하여 기억을 완전히 변경하거나 조작하는 기술도 등장하고 있다. 광유전학이란 빛에 반응하는 단백질 유전자를 세포에 넣어서 빛을 쪼여 생체조직 내의 세포를 제어하는 기술이다. 이 기술을 이용하면 특정 뇌세포들을 활성화하여 기억을 원하는 대로 조작하는 것이 가능하다고 한다. 실제로 MIT 연구팀은 이 기술을 통해 생쥐에게 나쁜 기억 대신 좋은 기억을 심는 데 성공하였다. 연구팀은 생쥐를 세모 모양의 천장이 있는 상자에 넣고 전기충격을 주어서 나쁜 기억을 만들고, 네모 모양의 천장이 있는 상자에 넣어 암컷 쥐들과 즐거운 시간을 갖게 해서 좋은 기억을 형성하도록 하였다. 그런 후에 생쥐들을 세모 천장 상자에 다시 넣었더니 생쥐들이 얼어붙은 듯 움직이지 못했고, 네모 천장 상자에 넣었더니 활발하게 활동하였다. 즉 세모 천장에서는 나쁜 기억이, 네모 천장에서는 좋은 기억이 회상된 것이다. 이때 연구팀은 쥐의 나쁜 기억과 좋은 기억이 발동할 때 뇌세포 연결망이 어떤 패턴으로 활성화되는지를 확인하였다. 그리고 나서 연구팀은 쥐들이 세모 천장 상자에서 나쁜 기억을 떠올리며 얼어붙는 순간에, 좋은 기억을 발동시키던 뇌세포들을 빛을 쪼여 활성화하였다. 그러자 세모 천장 상자에서 얼어붙으며 공포에 떨던 쥐들은 네모 천장 상자에서처럼 활발하게 활동하기 시작했다. 전기충격에 대한 고통스러운 기억이 암컷과의 행복한 기억으로 변경된 것이다.

이 외에도 광유도 분자올가미를 이용하여 기억을 억제하는 기술도 있다. 광유도 분자올가미는 올가미 형태의 단백질 복합체인데, 이걸 뇌세포에 씌우면 뇌세포가 활성되지 않는다. 이것을 이용하면 고통스러운 기억을 발동시키는 뇌세포의 활성을 억제할수 있다. 고통스러운 기억을 단백질 올가미 안에 가두는 것이다.

과학자들은 광유전학을 이용하면 마치 리모컨으로 TV를 조종하듯 기억을 제어하는 일이 가능하다고 본다. 리모컨으로 채널을 이리저리 돌리듯, 고통스러운 기억을 이리저리 지우고 변경한다는 것. 이 기술은 현재 빠른 속도로 발전하고 있다. 치매에 걸린 쥐의 잃어버린 기억을 레이저로 되살리는 데 성공하기도 하였고,

장소에 대한 기억을 활성화하는 데 성공하기도 하였다. 물론, 이 기술을 동물이 아닌 인체에 적용하는 데에는 여러 시일이 걸리겠지만, 언젠가는 인간의 기억을 자유자재로 지우고 바꾸는 날이 오게 될지도 모를 일이다.

나쁜 기억을 지우는 것은 나쁘다!

기술의 발전으로 기억을 지울 수 있게 된다면 편해질 것 같다. 잊고 싶은 기억을 잊을 수 있고, 고통스러운 기억에서 해방될 테니 말이다. 그런데 그렇게 기억을 지우는 것은 정당한 것일까? 기억을 지우면 문제가 발생한다는 견해들이 있다. 나쁜 기억을 지우는 것은 나쁘다는 것이다. 과연 어떤 점에서 나쁜 것일까?

진짜 내가 누구지?

가장 많이 거론되는 문제는 기억을 지운 내가 과연 '진짜 나인가?'라는 것이다.

우선, '나'라는 존재의 정체성에 대해 생각해보자. 나는 누구인가? 나를 설명해주는 많은 특성이 있다. 나의 이름, 가족관계, 성격, 취향, 직업 등이 이에 해당한다. 그리고 조금 더 세밀하게 보면, 과거에서부터 현재까지 이어지는 나의 삶의 스토리도 내가 누구인지를 설명해주는 좋은 요소이다. 이를테면 어린 시절 홀어머니 밑에서 자랐고, 혼자 있는 것을 좋아하였으며, 영화 〈매그놀리아〉(Magnolia, 1999)를 보다가 영화감독이라는 직업을 꿈꾸게 되었고, 현재 대학에서 영화를 전공하게 되었다는 식의 스토리가 그것이다. 누구나 저마다 이러한 인생 스토리, 삶의 서사를 가지고 있다. '나'는 그냥 내가 아니라, 삶의 서사를 가진 특수한 '나'인 것이다. 이것을 '서사적 정체성'이라고 부른다. 삶의 서사는 정체성을 결정하는 중요한 요인이다. 다음의 인물 A와 B를 비교해보자.

A: 나는 어렸을 때 교사라는 직업을 싫어했다. 왜냐면 어떤 선생님이 나를 너무나 무시하고 괴롭혔기 때문이다. 그러나 대학생이 된 후 우연히 교회에서 아이들을 맡아 지도하게 되었는데 예상외로 그 일이 적성에 잘 맞는다는 것을 알게 되었다. 그래서 교사가 되기로 하였고, 운 좋게도 단번에 임용시험에 합격하였다. 나는 나를 괴롭히던 선생님처럼 행동하지 않겠다고 다짐하면서 아이들을 사랑으로 대하고 있다.

B: 나는 어렸을 적부터 꿈이 교사였다. 내가 존경하는 부모님이 모두 교사였기 때문이다. 나는 교사의 꿈을 이루기 위해 최선을 다해 노력했다. 하지만 시험에 합격하는 일이 쉽지는 않았다. 몇 번의 낙방 끝에 꿈을 포기하려고 했지만, 부모님의 격려로 힘을 낼 수 있었

다. 마침내 시험에 합격하여 현재는 교직 생활을 하고 있다. 하지만 요즘 들어 이 일을 하는 것이 과연 내 적성에 맞는 것인지 회의감이 들곤 한다.

A와 B는 서로 다른 사람이다. 왜냐면 A와 B의 서사가 다르기 때문이다. A와 B는 어렸을 적 꿈이 다르고, 교사가 된 배경이 다르며, 교직에 임하는 태도나 적성도 다르다. 삶의 서사는 '나'라는 존재가 누구이며 어떤 사람인지를 확인해주는 중요한 지표인 것이다.

그리고 그런 서사를 회상하도록 해주는 것이 바로 기억이다. 그런데, 그 기억을 지워버리면 어떻게 될까? 하나의 사건에 대한 기억을 지운다는 것은 나의 삶을 구성하는 중요한 서사 가운데 하나가 제거되는 것과 같다. 그렇다면 이야기 한 토막이 빠져버린 삶은 진짜 나의 삶이며, 그런 삶의 서사 속의 나는 진짜 내가 맞는 것일까? 레온 카스를 비롯한 철학자들은 기억을 지우면 서사가 왜곡되고, 진짜 나 자신도 사라지는 것이라고 본다.

가령 A의 삶에서 선생님 때문에 괴로웠던 기억을 지웠다고 해보자. 삶의 서사, 인생 스토리는 달라진다. 교사라는 직업을 싫어했던 이유, 싫어했던 직업

레온 카스는 생명윤리학자로 대통령 직속 생명윤리위원회 의장을 지낸 바 있다.

기술에게 정의를 묻다

에서 적성을 찾은 반전의 기쁨, 그 선생님처럼 되지 말아야겠다 던 다짐들이 삶에서 사라진다. 그저 A는 교회에서 아이들을 가르 치다 교사의 길을 가는 그런 사람이 되는 것이다. 이 사람을 진짜 A라고 보기는 어렵다.

또 다른 예를 하나 들어보자. 영희라는 사람이 있다. 그녀는 여 성인권운동가이다. 그녀가 여권운동을 하게 된 것은 가부장적인 아버지 때문이었다. 아버지는 어렸을 적부터 여자는 머리가 나쁘 고, 남자를 위해 사는 존재이며, 여자가 잘돼봐야 별수 없다는 말 을 버릇처럼 하곤 했다. 영희는 그런 아버지에게 많은 상처를 받 았고 이를 계기로 여성학 공부를 시작하였다. 그리고 차별받는 여성들을 위해 일하는 여권운동가가 되었다. 그러나 그녀는 어렸 을 적 아버지의 차별적인 말과 행동을 기억할 때마다 고통스러웠 고, 그 고통 때문에 아버지와의 관계도 소원해졌다. 그래서 영희 는 아버지와의 관계를 회복하기 위해 그 기억을 지워버린다.

그러나 기억을 지운 영희는 여전히 그 영희가 맞을까? 그녀는 아버지의 가부장적 차별 때문에 여권운동가가 된 사람이다. 그런 데 그 동기를 기억에서 지우면 그녀는 이제 우연히 여성학 공부 를 하다 여권운동에 빠진 사람이 된다. 차별을 실제로 경험했던 사람이 차별을 책으로 배운 사람으로 변신한 것이다. 글로서 아 는 것과 실제로 경험한 것은 다르지 않은가! 기억을 지운 영희가 여전히 영희라고 보기는 어려울 듯하다.

더 심각한 상황도 있을 수 있다. 누군가가 전쟁에 참전하여 사람을 죽이게 되었는데, 점차 그 일을 즐기게 되었다고 해보자. 처음에는 살인이 두려웠지만 갈수록 본인도 모르게 살인에 희열을 느끼게 된 것. 전쟁이 끝나고 고향에 돌아온 그는 자신이 전쟁터에서 살인을 즐기던 모습이 기억날 때마다 너무나 고통스러웠다. 사람을 죽이는 걸 즐거워하다니! 그래서 그는 그 모습을 기억에서 제거해버린다. 이렇게 기억을 지우면 그는 이제 살인을 즐긴 적이 '없는' 사람이 된다. 그는 진짜로 있었던 자신의 일부를 잘라 편집해서 자신을 다른 사람이 되게끔 만든 것이다.

내가 살아오며 형성한 나의 역사는 내가 누구인지, 나의 정체를 확인시켜 주는 중요한 요소다. 그런데 기억을 제거하는 건 그 이야기 한 조각을 잘라내고 편집하는 것이다. 그렇다면 '나'라는 사람도 조각조각 편집되는 것이 아니겠는가. 그래서 카스를 비롯한 학자들은 기억을 제거하는 것은 그 사람의 삶과 정체성을 제거하는 것이며, 이러한 일은 옳지 않다고 주장한다.

고통이 주는 교훈

다음으로 자주 거론되는 문제는 고통이 우리에게 주는 교훈에 대한 것이다. 고통스러운 기억은 그저 괴롭기만 한 게 아니고 우리에게 주는 교훈이 있다. 고통스러운 일에 대한 기억은 미래에 비슷한 상황이 발생했을 때 이를 극복하고 대처할 능력을 키워주기 때문이다. 예를 들어 내가 가장 아끼던 유리구슬을 실수로

깨뜨렸다고 해보자. 나는 이 일이 기억날 때마다 괴로울 것이다. '아, 아까워! 너무 예쁜 구슬이었는데!' 하지만 이 괴로운 기억 덕분에 나는 유리로 된 물건을 만질 때는 손끝에 힘을 주어 잘 잡아야 한다는 것을 알게 된다. 그리고 다음부터는 조심하게 된다. 즉, 괴로운 기억은 나의 행동을 교정해서 다시는 고통을 당하지 않도록 교훈을 주는 것.

실연의 고통도 그러하다. 만날 때마다 싸우고, 상처받아 힘들었던 연애의 기억이 있다고 해보자. 그 고통스러운 기억은 나에게 교훈을 준다. 다시 사람을 만날 때면 예전보다 신중해질 수 있는 것이다. 과거에는 상대방의 외모만 보았다면 이제는 외모보다는 다른 매력을 살피고자 노력할 것이고, 과거에는 내 생각을 강요하는 경향이 있었다면 이제는 상대방의 의견을 존중하고자 노력할 것이다. 실연의 고통 덕분에 더 나은 연애를 할 수 있게 되는 것.

그래서 닐 레비는 고통스러운 기억은 자신의 한계를 드러내는 지침이고, 삶이 잘 굴러가도록 도와주는 도구라고 말한다. 고통스러운 기억 덕택에 내가 어떤 점에서 부족했는지 깨닫고 더 나은 행동을 할 수 있기 때문이다.

그런데도 기억을 지운다면 고통으로 인해 내가 얻을 수 있었던 교훈들은 사라지게 된다. 예컨대 실패한 연애에 대한 기억을 지운다면, 나는 또다시 그런 연애를 하게 될 것이다. 여전히 나는 사람을 외모로만 판단할 것이고, 여전히 갈등을 겪을 것이고, 처절한 결별로 인해 밤새도록 우는 고통을 겪게 될 것이다. 기억을 지우면 같은 실수를 똑같이 반복하게 되는 것이다.

고통은 누구나 피하고 싶다. 하지만 고통을 발판 삼아 나 자신을 성찰하고 성장시킬 수도 있다. 기억을 지우기 전에, 고통이 줄 교훈을 먼저 검토해보아야 하지 않을까?

스스로 해결해야지!

스스로 해결하지 않고 '기억지우개'라는 기술의 힘을 빌리는 것은 바람직하지 않다는 견해도 존재한다. 우리 인간의 가장 큰 특징은 다른 것에 의존하지 않고 스스로 생각하고 행동할 수 있다는 점이다. 이를 다른 말로, '자율성'이라고 부른다. 인간은 스스로 생각하고 선택하고 행동하는 자율적인 주체이다. 자율적인 주체이기에 힘들어도 자신의 의지로 극복할 수 있고, 역경에 부딪혀도 스스로 헤쳐나간다. 그게 인간이고 그래서 인간은 위대하다!

그런데도 스스로 고통을 극복하지 않고 기술을 이용해 기억을 지우는 것은 인간의 특징인 자율성을 포기하는 행위일 수 있다. 행위의 주체인 내가 해결하지 못하고 '기억지우개'라는 타자에 의존하는 것이기 때문이다. 학자들은 이를 자기를 기계화하는 것이라고 비판한다. 자기 자신을 자율적인 인간이 아닌 수동적 기계로 만든다는 것. 마치 건전지에 의존해서 작동하는 장난감이나 콘센트를 꽂아야 돌아가는 청소기처럼 나 자신을 기계처럼 대한다는 것이다. 학자들은 우리 인간은 기계가 아니며, 자기 자신을 자율적인 존재로 존중해야 한다고 본다. 아무리 기억이 나를 괴롭히더라도 스스로 해결하고자 노력하는 것이 바람직하다는 것이다.

인간은 스스로 해결할 수 있다.

게다가 기억을 지운다 해도 근본적인 문제가 해결되지는 않는다는 점도 주목할 필요가 있다. 기억을 지우는 기술은 그저 현재의 기분을 고통스럽지 않게 해줄 뿐, 고통의 근본적인 원인을 제거해 주지는 않는다. 실연의 기억이 고통스럽다고 기억을 지우면 똑같은 실패는 반복될 수밖에 없다. 고통스러운 실패에서 벗어나려면 고통이 생겨난 원인을 이성적으로 분석하고 행동을 교정해야 한다. 그렇게 하기 위해서는 기술에 의존하지 않고 스스로 발 벗고 나서서 고통과 역경을 해결하는 것이 나을 것이다.

그래서 기억 제거를 반대하는 학자들은 기억지우개라는 기술에 의존하지 말고 스스로 해결해야 한다고 말한다. 우리는 기계가 아닌 인간이기에 스스로 해결할 수 있고, 또한 그래야 한다는 것.

범죄를 지우면?

기억을 지우는 문제와 관련해서 자주 거론되는 문제가 하나 더 있는데, 그것은 이 기술이 범죄에 관련될 수 있다는 것이다.

카스나 레비를 비롯해 많은 철학자들이 기억을 지우는 기술이 범죄에 대한 책임을 회피하는 데 악용될 수 있다고 본다. 범죄에 대한 기억을 지워서 처벌을 피할 수도 있고, 범죄에 대한 죄책감을 없앨 수도 있기 때문이다. 예를 들면 다음과 같은 상황이 가능하다.

민호는 누군가를 죽이고 돈을 빼앗았다. 다행히도(?) 현장에는 목격자나 CCTV도 없었고, 민호가 범죄를 저질렀다고 단정할만한 단서도 남지 않았다. 하지만, 민호는 혹시라도 자신이 실수로 자백하게 될까 두려웠다. 그래서 그는 완전범죄를 위해 자신의 범죄 사실을 기억에서 지워버렸다.

즉, 민호는 기억을 지워 완벽하게 허위로 진술을 하고, 처벌을 면하고자 한 것이다. 이렇게 잘못을 저지르고도 책임을 지지 않는 행위는 사회정의를 어지럽히는 비도덕적인 행위이다. 사실 범죄를 저지르고도 뚜렷한 증거가 나타나지 않는 경우 범죄자들이 흔히 쓰는 수법 가운데 하나가 "기억이 나지 않습니다"라고 말하는 것이다. 우리는 그동안 그렇게 말하는 범죄자들을 숱하게 보아오지 않았던가! 그런데 기억을 지우는 기술은 정말로 그 기억을 삭제해 준다는 것이다. 그렇다면 많은 범죄자가 이 기술을 달가워하지 않을까?

이렇듯 기억을 지우는 기술은 범죄자가 처벌을 피하는 수단으로 악용될 소지가 있다. 또한, 이 기술은 죄책감을 없애는 데에도 악용될 수 있다. 다음 상황을 보자.

준희는 누군가의 얼굴을 심하게 폭행했다. 피해자는 얼굴에 평생 지울 수 없는 커다란 흉터가 생겼다. 준희는 그 일이 있고 나서 자신의 행동을 후회했고 죄책감을 느꼈다. 피해자에게 치료비를 주고 법적 처벌은 면했지만, 폭행하던 기억이 떠오를 때마다 양심의 가책에 고통스러웠다. 그래서 준희는 그 일을 기억에서 삭제해버렸다.

준희가 기억을 지우고 죄책감으로부터 해방되는 것은 옳은 일인가? 죄책감이 지워지면 반성도 사라진다. 이것은 자신의 범죄행위에 대한 진정한 책임을 회피하는 것이다. 죄를 저질렀다면 마땅히 죄책감을 느껴야 하는데 그 감정의 고통마저도 느끼지 않으려 하기 때문이다. 그래서 카스는 기억을 지우는 기술을 죄책감을 무마하기 위한 것이라고 비판한다.

게다가 기억을 지운 민호와 준희는 다시 동일한 행동을 할 가능성이 있다. 민호는 처벌의 고통이 사라졌고, 준희는 죄책감의 고통이 사라졌기 때문이다. 그러니 앞으로는 그런 행동을 하지 않겠다는 마음가짐도 사라질 것이고, 그렇다면 또다시 같은 범죄를 저지르게 될 수도 있다.

또한, 범죄 행위를 마음껏 하기 위해서 고의로 기억을 지우는 일도 발생할 수 있다. 다음 상황을 보자.

> 미미는 조폭이다. 사람을 해치고, 협박하고, 빼앗는 게 그녀의 일이다. 그런데 미미는 사람을 해치고 나면 양심의 가책을 느꼈다. 그리고 그 양심의 가책 때문에 사람을 해치려 할 때마다 주저하는 경향이 생겼다. 그래서 미미는 양심의 가책을 느꼈던 사건들을 기억에서 삭제해버렸다.

우리가 어떤 행동을 기억할 때마다 양심의 가책이나, 후회, 죄책감을 느끼면 반성을 하게 되고, 다음에는 그 행동을 하지 않게 스스로 행동을 교정하게 된다. 미미는 자신의 행동을 교정하고 싶지 않았고, 이를 위해 양심의 가책을 유발하는 기억을 삭제한 것이다. 사실, 악행을 하기 위해 죄책감을 없애는 일은 역사적으로 볼 때 그리 새로운 것은 아니다. 과거 나치즘도 다른 민족을 '악마'라 부르고 자신들의 만행을 '인종청소'라 부르는 언어적 비유를 통해 죄책감을 없앴고, 이를 통해 잔인한 학살이 조장되곤 했다. 가상의 상황이긴 하나, 미미가 범죄를 저지르기 위해 기억을 지우는 것도 그 잔인한 역사의 명맥을 잇는 것이다. 언어적 비유가 아닌 기억을 지우는 확실한 방법으로.

이렇게 기억을 지우는 기술은 처벌을 피하거나, 죄책감을 무마하고, 스스럼없이 범죄 행위를 하기 위해 악용될 소지가 있다. 나쁜 기억을 지우면 나쁜 일이 벌어질 수 있는 것이다.

증인의 기억

마지막으로 생각해볼 만한 문제는 증인으로서의 기억이다.

내가 만일 끔찍한 사건의 당사자나 목격자라면 나는 그 사건의 증인이 된다. 예를 들어 내가 나치가 유대인을 학살하는 현장에서 살아남았다고 해보자. 나는 역사적으로 매우 중요한 사건의 증인이다. 이 경우 내가 이 사건을 잘 기억하고 있다가 증언을 하면 잘못한 사람들을 처벌하고, 희생자의 억울함을 푸는 데 도움이 될 것이다. 그런데 그 기억은 너무나 끔찍하고, 충격적이며, 떠오를 때마다 고통스럽다. 그럼 나는 나의 기억을 지워도 되는 것일까?

고통스러워서 기억을 지워버리면, 이 잔인하고 끔찍한 대학살은 영원히 땅속에 묻힐 수 있다. 희생자의 억울한 죽음과 가해자의 만행은 역사 속에서 사라지는 것이다. 이 경우 기억을 지우는 행위는 피해자의 억울함을 풀고, 가해자를 처벌하는 사회정의에 부합하지 않는다.

역사적 사건이 아니더라도 마찬가지이다. 교통사고 현장을 목격했고, 증인이 나밖에 없다면 나는 증언을 통해 피해자를 도와야 할 것이다. 끔찍한 사고에 대한 기억 때문에 너무나 고통스러워서 기억을 지우는 것은 피해자의 고통을 무시하고 비도덕적 행위를 덮어주는 것이 된다.

그러나 기억을 지우는 기술이 상용화된다면, 증인의 중요한 기억은 보존되기 어려울 수 있다. 괴롭다고 기억을 지우는 사람들이 많아질 것이기 때문이다.

이렇게 기억을 지우는 것은 여러 가지 문제를 일으킬 수 있다. 앞에서 살펴보았듯 증인의 역할을 회피하게 될 수도 있고, 범죄에 악용될 수 있으며, 진짜 나 자신을 상실하게 되고, 교훈을 포기하게 되며, 스스로를 기계화하게 될 수 있다. 그래서 카스를 비롯한 철학자들은 기억지우개 기술을 사용하는 것이 옳지 않다고 본다.

지워도 괜찮다!

그러면, 우리는 아무리 고통스럽더라도 기억을 지워서는 안 되는 것일까? 고통스러운 기억의 감옥을 견디며 살아야만 도덕이고 정의인가? 매튜 라오(S. Matthew Liao), 앤더스 샌드버그(Anders Sandberg) 등의 학자들은 적절한 제한만 주어진다면 기억을 지우는 일도 도덕적으로 허용 가능하다고 본다. 무슨 이야기일까? 지금부터 기억을 지우는 일이 허용될 수 있는지 그 가능성을 타진해보자.

나와 타인에게 해가 되지 않는다면!

인간은 누구나 좋은 삶, 행복한 삶, 잘 사는 삶을 추구한다. 그래서 행복하려고 대학에 가기도 하고, 예쁜 옷을 입기도 하고, 돈을 벌기도 한다. 이렇게 자신의 행복을 추구하는 것은 인간에게

앤더스 샌드버그는 과학자이자 미래학자이다.

매튜 라오는 생명윤리학자이다.

주어진 권리다. 그런데, 이 권리에는 제한이 있다. 이 권리는 어디까지나 누군가에게 피해를 주지 않는 한에서만 보장된다. 예를 들어 행복하려고 다른 사람에게 상처를 입히거나 불이익을 주는 건 용납되지 않는 것. 즉, 우리는 누군가에게 피해를 주지 않는 한에서, 행복을 추구할 권리가 있는 것이다. 머리를 흰색으로 염색하든, 도마뱀을 키우든, 해외로 유학 가든, 누군가에게 해악이 없다면, 우리는 각자의 행복을 위해 행동할 수 있다. 그렇다면, 기억을 지우는 것도 마찬가지가 아닐까?

라오와 샌드버그 등의 학자들은 기억을 지우는 것이 자기 자신과 타인에게 해악이 없다면 정당화될 수 있다고 본다. 내가 기억을 지워서 행복해질 수 있고, 그것이 누구에게도 해가 되지 않는다면 그 기억 제거는 정당하다는 것. 예를 들어 우연히 목격한 교통사고에 대한 기억 때문에 일상생활을 할 수 없다고 해보자. 기억을 지우면 행복한 일상으로 돌아가 평소처럼 학교에도 가고, 사람도 만날 수 있고, 이 일로 누군가에게 해가 될 일은 없다. 이런 경우 자신의 행복을 위해 나쁜 기억을 지우는 건 그 사람의 정당한 권리라는 것이다. 누구에게도 피해를 주는 게 없는데, 기억을 지우지 못하게 막는 건 "당신은 그냥 고통 속에서 사세요!"라며 강요하는 것이나 다름이 없다. 이는 개인의 행복을 추구할 권리를 침해하는 것이다. 그래서 라오와 샌드버그는 자신이나 타인에게 해악이 없는 한, 행복한 삶을 위해 기억을 지우는 개인의 선택은 존중되어야 한다고 본다.

그러면 타인이나 나에게 해가 되는 기억 제거에는 어떤 것들이 있을까? 일단, 범죄와 관련해서 기억을 지우는 행위는 타인에게 많은 해악을 끼친다고 볼 수 있다. 예를 들어 처벌을 피하려고 기억을 지우는 것은 피해자와 사회 전체 구성원들에게 피해를 준다. 피해자의 억울함을 풀 길이 사라지고, 진범을 찾는 데 소요되는 사회적 비용이 커지며, 기억 삭제를 이용한 더 많은 범죄가 생길 것이기 때문이다. 또한, 범죄나 비도덕적인 행위를 저지른 후 죄책감을 없애기 위해 기억을 지우는 것 역시 피해자에게 큰 상처를 준다. 피해자는 고통 속에 살고 있는데 가해자는 훌훌 털고 즐거운 여행이나 다니는 것은 피해자의 고통을 가중하는 것이기 때문이다. 따라서 이런 기억 제거는 금지되어야 할 것이다. 그리고 자기 자신에게 해가 되는 기억 제거도 있을 수 있다. 예를 들면 내가 어떤 사건의 피해자이고 아직 가해자가 체포되지 않았는데, 내가 가해자에 대한 기억을 지우는 경우가 그러할 것이다. 이런 경우 기억을 지우면 가해자로부터 내가 또다시 피해를 볼 수도 있기에 상당히 위험하다고 볼 수 있다. 이렇게 나 자신에게 피해를 줄 수 있는 기억 제거 역시 금지되어야 할 것이다.

이렇게 타인이나 나에게 해악이 없다면, 라오를 비롯한 학자들은 기억 제거도 도덕적으로 허용 가능하다고 본다. 나쁜 기억을 지우는 게 무조건 나쁜 건 아니며, 지워서 해악이 없는 한, 개인의 선택은 존중되어야 한다는 것.

그렇다면, 앞에서 살펴보았던 정체성이 사라지는 문제나, 고통이 주는 교훈의 문제, 자율적 주체의 문제 등은 어떻게 생각해야 할까? 다시 한번, 거론되었던 문제들을 하나하나 검토해보자.

기억을 지워도 나는 나!

가장 자주 거론되는 문제가 기억을 지우면 '진짜 나 자신'이 사라진다는 것이었다. 나 자신이 사라지는데 기억을 지워도 되는 것일까?

라오와 샌드버그에 따르면 기억을 지운다고 정체성이 사라지는 건 아니라고 본다. '진짜 나 자신'이란 고정된 것이 아니라 끊임없이 변화하는 것이고, 그 과정에서 자신의 서사에 대한 편집은 있을 수도 있다는 것이다. 우리는 늘 자기 자신을 더 좋은 방향으로 만들고자 노력한다. 내성적이어도 노력해서 적극성을 키우기도 하고, 덜렁대는 성격이지만 훈련을 통해 꼼꼼해지기도 한다. 즉, 우리는 자신의 정체성 모델을 더 좋은 방향으로 개선하고자 노력하는 것이다. 그리고 그 과정에서 우리는 자기 자신이 어

정체성은 자기 자신에 대한 해석이다.

떤 사람인지를 끊임없이 해석한다. "나는 착해", "나는 노래를 잘해", "나는 성실해!", "나는 덜렁대는 경향이 있어!" 그리고 이런 해석을 바탕으로 나의 정체성을 개선해 나간다. 스스로 성실하다 다독여가며 공부를 하기도 하고, 스스로 착하다 칭찬하며 착한 성품을 유지하기도 하고, 덜렁대지 말라고 채근하며 더 나은 사람이 되고자 노력하는 것. 이런 게 바로 '나'라는 존재다. 즉, '나'라는 건 정해진 존재가 아니고, 나에 대한 해석을 통해 끊임없이 구성되어가는 존재인 것이다.

그리고 이런 해석의 과정에는 과거 서사에 대한 기억의 편집이 들어가기 마련이다. 즉, 나는 나의 과거 서사에서 어떤 것은 더 기억하고, 어떤 것은 덜 기억하며, 어떤 것은 아예 기억하지 않으면서 '나'를 해석한다. 긍정적인 미래를 위해 실패보다는 성공한 경험을 더 기억하기도 하고, 나빴던 인간관계는 잊어버리기도 하는 것이다. 예를 들어 실제로는 열 번의 실패가 있었어도 나는 나를 이렇게 해석할 수 있다. "지금까지 딱 두 번의 실패를 했을 뿐이야! 난 조금만 노력하면 늘 성공했었어!" 그리고 이렇게 편집된 기억은 자신에게 자신감을 불어넣어 '나'라는 존재를 긍정적인 모습으로 변화시켜준다. 도전을 두려워하지 않고 긍정적인 마음으로 부딪히는 것이다. 말하자면, 과거를 필요한 만큼 지우거나 확대하는 기억 편집은 '나'를 형성하는 하나의 방법인 것이다.

예를 들어, 플래너건이라는 사람은 이런 경험을 한 적이 있다고 한다. 그는 어린 시절 친구가 거의 없었다. 그런데 우연히 빌리라는 친구를 사귀게 되었고 그와 나누었던 우정 덕분에 비로소 사람들과 접촉하고 사귈 수 있는 자신감을 가질 수 있게 되었다고 한다. 빌리 덕분에 사교성을 키우게 된 것. 그러나 성인이 된 후 그는 자신이 가졌던 빌리에 대한 모든 기억이 거짓이었음을 알게 된다. 빌리는 아버지 친구의 아들로 자신의 집에 딱 한 번 방문했을 뿐 플래너건과는 친구로 지낸 적이 없었다는 것이다. 어릴 적 딱 한 번 만났던 것을 좋은 우정을 나눈 것으로 기억한 것이다. 하지만 이 허위 기억으로 인해 플래너건은 사교성을 가지게 되었고 많은 친구를 사귈 수 있게 되었다. 거짓된 기억이 자신을 좋은 방향으로 성장시킨 것이다.

이렇듯 자신의 과거 스토리 중 몇몇을 기억에서 지우거나 덧붙이는 기억의 편집은 자신의 정체성을 형성하는 과정에서 심심치 않게 일어나곤 한다. 그리고 이렇게 기억을 지우거나 덧붙인다고 해서 진짜 나 자신이 사라지는 것은 아니다. 현재의 플래너건을 가짜라고 할 수 있을까? 기억이 편집되었더라도 플래너건은 여전히 플래너건이며, 가짜가 아니라 더 나은 방향으로 변화된 진짜 플래너건이라 할 수 있을 것이다.

그렇다면 기억지우개라는 기술을 이용하는 것도 마찬가지라고 볼 수 있을 것이다. 기억지우개를 이용해서 과거 서사 중 몇몇을 지우는 것 역시 나 자신의 정체성을 개선하기 위한 하나의 방법인 것이다.

이러한 관점에서, 앞에서 거론됐던 여권운동가 영희의 상황으로 다시 돌아가 보자. 영희는 아버지의 가부장적 언행에 상처를 받아 여권운동가가 되었지만, 아버지에 대한 기억 때문에 부녀관계가 나빠지자 그 기억을 지운다. 그녀가 이렇게 하는 이유는 자신을 변화시키고 싶기 때문이다. 이제 그녀는 아버지 때문이 아니라 사회정의를 위해 여성운동을 하고 싶고, 화목한 가족관계를 가지고 싶은 것이다. 자신을 발전시키기 위해 과거를 잊고 싶은데 뜻대로 잘되지 않으니 '기억지우개' 기술을 이용하는 것. 즉 이 경우 기억을 지우는 것은 자아를 잃어버리는 것이 아니라 자아를 발전시키는 것이라고 할 수 있다. 그리고 어쩌면 그것이 바로 '진짜 영희'를 찾는 방법일 수도 있다. '아버지와 화목하게 지내는 여성인권운동가'가 영희가 원하는 자신의 모습이기 때문이다.

그래서 라오를 비롯한 학자들은 기억지우개로 기억을 지운다고 해서 진짜 내가 사라지는 것은 아니라고 본다. 오히려 나 자신을 좋은 방향으로 변화시키는 것일 수 있다는 것. 그래서 이들은 정체성 상실을 이유로 기억 제거를 금지하는 것이 부당하다고 본다. 기억을 지워서 자신이나 타인에게 해악이 되지 않는 한, 기억을 지우기로 한 선택은 존중되어야 한다는 것이다.

고통이 삶을 망칠 때

다음으로, 고통이 주는 교훈을 얻지 못하는 문제에 대해 생각해보자. 고통은 잘못을 반복하지 않도록 우리에게 교훈을 주는데, 기억을 지우면 이러한 교훈을 놓칠 수 있다는 비판이 있었다. 이 문제는 어떻게 해야 할까?

고통이 우리에게 종종 교훈을 주는 것은 맞다. 그러나 고통과 교훈이 필연적인 관계에 있는 건 아니다. 고통 때문에 교훈을 얻기도 하지만 고통 때문에 삶이 망가지기도 하기 때문이다.

예를 들어 교통사고에 대한 트라우마는 자동차를 다시는 탈 수 없게 만들기도 하고, 실연의 상처는 다시는 사람을 만나지 못하게 하기도 한다. 심한 경우 과거의 고통스러운 기억은 자살로 생을 마감하게 하기도 한다. 잊고 싶어도 자꾸만 떠오르며 평생을 괴롭히면서 정상적인 삶을 살지 못하게 방해하는 것이다. 자동차를 두려워하고, 사람에게 피해의식을 느끼며, 평생을 고통 속에

고통에서 벗어나고 싶어!

고통이 반드시 교훈을 가져다 주는 건 아니다.

시달리다 죽음을 맞는 건 어떤 교훈도 될 수 없다. 이런 고통은 정상적인 삶을 잘 살 수 있도록 가르침을 주는 것이 아니라 가로막는 것이다. 즉, 고통스러운 기억을 유지한다고 해서 '반드시' 우리가 교훈을 얻게 되는 건 아니다.

그런데도 고통이 종종 교훈을 준다는 것 하나 때문에 무조건 기억을 지워서는 안 된다고 강요할 수 있을까? 라오와 샌드버그의 입장에 따르면, 특별한 해악이 없는데도, 고통 때문에 교훈은커녕 삶을 망치고 있는 사람에게 그러한 강요를 하는 것은 정상적인 삶을 빼앗고 행복을 추구할 권리를 짓밟는 것에 해당한다. 나와 타인에게 나쁜 해악이 없다면, 고통이 삶을 방해하고 가로막을 때에 기억을 지우고자 하는 개인의 선택은 존중되어야 한다는 것이다.

스스로 해결하는 또 하나의 방법

스스로 해결하지 않고 기계에 의존하는 것은 인간이 지닌 자율성을 약화한다는 지적이 있었다. 우리는 인간이니까 기억지우개라는 기계에 의존하지 말고 스스로 노력해서 해결해야 하지 않을까?

그러나 다른 관점에서 생각해보면, 기억지우개를 사용하는 것이 바로 자율성을 회복하는 또 하나의 방법일 수 있다. 인간은 스스로 생각하고 행동하고 결정할 수 있는 자율적인 존재이다. 그러나 고통스러운 기억으로 인해 상처를 받은 사람들은 자율적으로 행동하지 못한다. 생각하고 싶지 않아도 떠오르는 기억 때문에 일을 할 수도, 밖을 나갈 수도, 사람을 만날 수도 없다. 즉, 고통스러운 기억이 인간의 자율성을 약화하는 것이다. 이런 경우 기계를 이용하여 기억을 제거하는 것은 오히려 인간의 자율성을 회복하는 것일 수 있다. 스스로 해결하는 주체가 되기 위해 기억지우개라는 도구를 이용하는 것.

라오와 샌드버그 역시 충격적인 사건 때문에 행동을 자유자재로 할 수도 없는 경우 기억지우개를 사용하는 것은 자신을 행위의 주체가 되도록 하는 하나의 방법이라고 본다. 즉, 고통 때문에 어떤 행동도 할 수 없는 경우에는 기억을 지우는 게 자신을 주체

기억을 지우는 것이 오히려 자율성을 찾는 하나의 방법일 수도 있다.

적인 행위자로 존중하는 하나의 방법일 수 있다는 것.

그러므로 기억 제거 기술을 사용한다고 해서 무조건 인간이 자신을 기계화하는 것이라는 비판은 부당하다고 볼 수 있다. 물론 이 기술을 마약 대용으로 이용하는 사람이 있을 수도 있다. 그렇다면 이것은 자신을 기계화하는 것에 해당할 것이다.—이런 경우라면 본인의 주체성을 약화하는 해악이 생기므로 라오를 비롯한 학자들도 허용을 반대할 듯!—그러나 중요한 건, 모든 기억 제거가 다 그런 건 아니라는 거다. 기억의 고통 때문에 자유롭게 행동을 할 수가 없어서 기억을 제거하는 사람들이 분명히 존재한다는 것이다. 그러므로 이러한 구분 없이 무조건 인간의 기계화라는 이유로 기억 삭제 기술을 금지하는 것은 부당하다는 것이다. 이는 고통의 소용돌이에서 허우적대며 어떤 생각도 어떤 행동도 제대로 할 수 없는 사람을 그대로 놔두라고 강요하는 것이다. 어쩌면 이러한 강요야말로 인간을 기계화하는 게 아닐까?

증인이 되는 방법

중요한 증인의 위치에 있지만, 기억이 고통스러워서 지우고 싶다면 어떻게 해야 할까? 내가 나치의 만행을 목격한 증인이라면 나는 이 비도덕적인 행위를 전 세계에 폭로하여 더는 이러한 일이 일어나지 않도록 해야 할 것이다. 그런데 그 기억이 너무나 끔찍해서 지우고 싶다면 지워도 되는 것일까?

만일 증인으로서의 기억을 유지하는 것이 삶을 살아갈 수 없을 정도로 힘든 일이라면 그 기억을 유지하라고 강요하는 것은 너무 가혹한 것일 수 있다. 주디스 자비스 톰슨(Judith Jarvis Thomson)은 그 누구에게도 다른 사람의 삶을 위해 자신의 건강이나 이익, 헌신을 크게 희생해야 한다는 요구를 할 수는 없다고 말한다. 예를 들어 어떤 사람이 다른 사람의 간을 이식받아야 살 수 있다고 해보자. 이 경우 지나가는 사람들 아무나 붙잡고 "이봐요 내가 살아야 하니까 당신 간을 나한테 좀 이식해주세요!"라고 말할 수 있을까? 만일 이 말을 듣고 누군가가 이식을 해준다면 그건 매우 고맙고 자비로운 일이 될 듯하다. 그러나 간을 이식해 주는 게 도덕적

의무는 아니다. 안 해도 되는데, 해주면 고마울 뿐. 즉, 다른 사람을 위해 건강이나 중요한 이익을 크게 희생하는 일은 고마운 일일 수는 있지만, 우리가 당연히 해야 하는 의무는 아닌 거다. 그러므로 기억을 유지하는 것이 삶을 정상적으로 살아가기 어려울 정도의 큰 희생이라면, 우리는 그 일을 해야 한다고 강요할 수 없으며, 또한, 그 일을 하지 않는다고 해서 비난할 수도 없다.

그러나 기억을 지우더라도 증인으로서 역할을 할 방법이 전혀 없는 건 아니다. 라오와 샌드버그에 따르면, 기억을 지울 때 사건에 대한 기억은 남기고 정서적인 기억을 지우면 증인의 역할을 할 수 있다. 기억에는 사건 그 자체를 기억하는 '의미기억'과 사건에 대한 느낌과 경험을 기억하는 '일화기억'이 있는데 두 기억 가운데 일화기억만 지우면 증인의 역할이 가능하다는 것이다. 일화기억을 지우면 사건이 일어났다는 것은 기억나지만 그때의 충격과 슬픔과 고통은 사라진다. 예를 들어 나치의 만행이 어떤 형태로 있었는지를 자세히 기억할 수 있지만, 그 당시 경험한 충격은 기억나지 않는 것이다. 만일 이러한 기술이 가능하다면, 내가 역사적 증인의 위치에 섰을 때, 고통을 겪지 않고서도 비도덕적인 만행을 전 세계에 알릴 수 있게 될 것이다. 역사적 증인의 역할을 충분히 수행할 수 있는 것이다.

그래서 라오 등의 학자들은 반대론자들이 말하는 정체성이나 교훈, 주체성, 증인의 문제는 기억 삭제를 반대할 충분한 근거는 아니라고 본다. 이런 문제를 근거로 고통스러운 기억을 강요해서는 안 된다는 것이다. 이들은 고통스러운 기억 때문에 삶이 망가진 사람이 행복하고 자유로운 삶을 위해 그 누구에게도 해악을 주지 않고 자신의 기억을 지우는 것은 존중되어야 한다고 본다.

지금까지 '기억지우개'를 사용할 때 생길 수 있는 문제와 그 허용 가능성을 검토해보았다. 허용 가능성을 주장하는 측에서는 범죄의 문제를 제외한 나머지 문제들은 기억 삭제를 반대할 충분한 근거가 아니라고 평가한다. 타인이나 나에게 해악이 없다면, 기억을 지우는 일도 도덕적으로 허용될 수 있다는 것이다. 그러나 생각해보면 그 '해악'이라는 것도 참 애매한 것이다. 내가 누군가에 대한 기억을 지웠는데 상대방이 기분 나빠한다면 이것은 상대방에게 해악이 없다고 볼 수 있을까? 해악의 기준은 어떤 것일까? 복잡한 문제다! 과연 어느 측의 주장이 옳은 것일까? 잊고 싶은 기억, 지워도 되는 것일까?

기술에게 정의를 묻다

3장

아이의 유전자, 선택할 수 있다면?

태어날 아기에게 좋은 유전자만 골라서 넣어줄 수 있다면 어떨까? 건강하고, 예쁘고, 총명하고, 착하고, 운동도 잘하는 유전자를 골라 아기에게 넣어줄 수 있다면? 이런 과학기술을 '맞춤 아기'라고 한다. 이 기술을 사용하면 아이가 더 괜찮은 삶을 살 것 같다. 그러나 이 기술을 사용하는 거, 정당한 것일까?

1 맞춤 아기, 세상에 나오다

　임신한 부모는 누구나 배 속의 아기가 자신들의 좋은 부분만 닮아 태어났으면 하고 바란다. 웬만하면 눈은 엄마처럼 이쁘면 좋겠고, 코는 아빠처럼 오뚝하면 좋겠고, 성격은 아빠를 닮아 온화하면 좋겠고, 머리는 엄마를 닮아 똑똑하면 좋겠고……. 하지만 아기는 부모가 원하는 대로 태어나는 게 아니다. 아기는 그냥 태어난다. "제발 내 주먹코만큼은 닮지 마라!" 빌어도 이상하게도 아기는 유독 그 주먹코만 닮아 나오기 일쑤!

　물론, 주먹코를 닮았다고 해서 실망하는 부모는 없지만, 웬만하면 자신의 좋은 부분만 닮기를 바라는 게 부모의 마음일 것이다. 그런데 만일, 부모의 소망대로 아기를 만들어주는 과학기술이 등장한다면 어떨까? 엄마의 눈과 아빠의 코, 엄마의 지능과 아빠의 성격을 골고루 섞어서 부부가 낳을 수 있는 가장 잘생기고 똑똑한 아이를 과학기술이 만들어주는 거다. 마치 소원을 들어주

크리스퍼 유전자가위를 개발한 제니
퍼 다우드나 교수

는 요술램프처럼. 이런 만화 같은 기술, 가능할까? 놀랍게도 근래에 들어 이런 기술의 가능성이 불거지기 시작했다. 이른바 '유전자 맞춤 아기'가 등장했기 때문이다.

유전자 맞춤 아기란 유전자를 원하는 대로 디자인하는 것을 말한다. 유전자를 원하는 방향으로 맞춤 제작하는 것. 그 맞춤 아기가 2018년 겨울, 중국의 과학자 허젠쿠이(贺建奎)에 의해 태어났다. 이 아기는 에이즈에 걸리지 않도록 유전적으로 디자인된 아기였다. 최초의 유전자 맞춤 아기가 세상에 태어난 것이다.

우선, 이런 일을 가능하게 하는 기술에 대해 잠깐 살펴보자. 맞춤 아기 유전공학의 핵심에는 '유전자가위'라는 기술이 있다. 유전자가위란 특정 유전자를 찾아내어 그 부분만 잘라내는 기능을 지닌 인공효소를 말한다. 즉 타겟 유전자를 가위처럼 오려내는 효소다. 이를 이용하면 질병을 유발하는 유전자를 잘라내고 그 부위에 정상적인 유전자로 교체하는 것이 가능하고, 원하는 형질을 얻기 위해 유전자를 재조합하는 것도 가능하다. 즉 유전자가위로 '유전자편집'이 가능한 거다. 이 기술은 2000년대 초반 '징크핑거(Zinc Finger Nuclease)'라는 1세대 유전자가위에서 시작하여 2세대 유전자가위인 '탈렌(TALEN)'을 거쳐, 현재의 3세대 유전자

기술에게 정의를 묻다

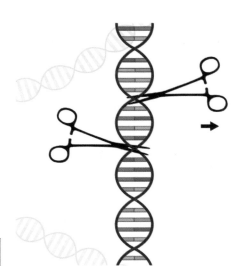

유전자가위 기술로 유전자편집이 가능하다.

가위, '크리스퍼(혹은 크리스퍼-캐스나인이라고도 부른다. CRISPR-Cas9)'로 발전해왔다. 크리스퍼 유전자가위는 RNA가 표적 유전자를 추적하면 캐스나인(Cas9)이라는 단백질이 그 부분을 절단하는 방식으로 유전자를 편집하는데, 1세대와 2세대에 비해 유전자의 염기서열을 가장 정확하게 인지하고, 빨리 편집한다는 점에서 가장 혁신적인 유전자가위라 불린다.

허젠쿠이는 이 크리스퍼 유전자가위로 인간 배아(수정란)에 있는 유전자들 가운데 'CCR5'라는 유전자를 잘라냈다. CCR5는 에이즈 바이러스를 수용하는 유전자이다. 즉 에이즈 바이러스에 취약한 유전자를 배아에서 제거하여 에이즈에 걸리지 않도록 한 것이다. 그리고 그 배아를 엄마의 자궁에 착상시키자 열 달 후 쌍둥이 아기, 룰루와 나나가 태어났다. 선천적으로 에이즈 바이러스에 저항력을 가진 아기들이 태어난 것이다.

에이즈에 걸리지 않을 아이가 나왔으니 이제 말라리아나 암, 치매에 절대 걸리지 않을 아이가 태어나는 것은 시간문제일 듯하다. 그리고 기술이 더 발전한다면 질병유전자만 없애는 게 아니라 원하는 형질을 넣어 아이를 태어나게 할 수도 있을 것이다. 주먹코 대신 오뚝한 코, 거친 성격 대신 온화한 성격의 유전자를 골라 담아 자르고 잇고 편집하여 배아에 넣어주면 부모가 소망하는 모습의 아기가 태어나는 것이다.

이러한 일을 우리는 어떻게 받아들여야 할까? 허젠쿠이의 맞춤 아기 사건(?)으로 학계와 언론은 연일 들끓었다. 한편으로는 과학잡지 《네이처》에서 허젠쿠이를 '올해의 10대 인물'로 꼽기도 하였지만, 다른 한편으로는 판도라의 상자가 열렸다는 비판이 물밀듯이 쏟아졌다. 논란과 비판이 들끓는 가운데 허젠쿠이는 결국 2019년에 이르러, 중국 법원으로부터 징역형을 받고 말았다.

허젠쿠이가 논란의 대상이 되었던 이유는 유전자를 제거할 때 생기는 부작용 때문이었다. 유전자는 하나의 형질만 발현하는 것도 있지만 여러 가지 형질을 발현시키는 것도 있다. 그리고 하나의 형질은 여러 유전자에 의해 발현되기도 한다. 예를 들어 머리카락 색깔은 하나의 유전자가 그 형질을 결정하지만, 지능은 여러 유전자에 의해 결정되고, 지능을 결정하는 유전자는 지능이 아닌 다른 형질에도 관여한다. 이렇게 유전자가 인간의 형질을 발현하는 방식은 복잡하다. 그런데 문제는 현재의 과학은 유전자 하나하나가 어떤 형질을 결정하는지를 전부 다 알아내지 못한 상황이라는 것이다. 이런 상황에서 유전자를 제거하는 건 위험할 수밖에 없다. 나쁜 형질과 연관된 유전자인 것 같아서 제거했지만, 이 유전자가 다른 좋은 형질을 발현시키는 것일 수도 있기 때문이다. 예를 들어 에이즈 감염에 취약한 CCR5 유전자는, 아직 밝혀지진 않았지만. 다른 중요한 형질, 이를테면 독감 바이러스에 대한 저항성을 발현시키는 것일 수도 있다. 이런 경우, CCR5를 제거하면 에이즈에는 걸리지 않는 대신, 독감에 걸려 생명이 위독해질 수도 있는 것이다. 평생 에이즈에 걸려 죽을 위험은 없지만, 평생 독감에 걸려 죽을 위험에 처하게 되는 것. 이렇게 아직 밝혀지지 않은 부작용의 가능성이 있는데도 허젠쿠이가 배아 유전자를 편집하여 아기를 태어나게 한 것은 무책임한 행동이라 할 수 있다.

그러나 앞으로 과학기술이 계속 발전한다면 부작용 없이 유전자편집을 할 수 있는 날이 오게 될지도 모른다. 만약 그런 날이 온다면 어떨까? 유전자편집이 100% 안전한 것이 된다면? 그렇다면 맞춤 아기 유전공학을 사용해도 되지 않을까? 아이에게 좋은 유전자를 안전하게 물려줄 수 있다면 아이도 좋고 부모도 좋을 것 같다. 아무런 부작용이나 위험이 없는데도 아이를 건강하고, 예쁘고, 똑똑하게 태어나게 해주는 유전공학의 마법을 우리가 거부해야 할 이유가 있을까?

이제, 철학자들이 나설 때가 된 것 같다. 유전공학의 발전과 더

불어 철학계에서는 맞춤 아기에 대한 윤리적 논쟁이 매우 활발하게 진행되고 있다. 맞춤 아기가 도덕적으로 정당화될 수 없으므로 반대하는 철학자들도 있고, 예상외로, 맞춤 아기를 찬성하는 철학자들도 있다. 맞춤 아기가 비도덕이라면 어떤 근거에서 그러하며, 맞춤 아기가 도덕적으로 정당화될 수 있다면 그 이유는 무엇일까? 이제, 철학자들의 논쟁 안으로 들어가보자.

기술에게 정의를 묻다

맞춤 아기를 반대하다!

우선, 맞춤 아기를 반대하는 철학자들의 주장부터 살펴보자. 반대론의 대표적인 인물인 마이클 샌델은 아기의 유전자를 디자인하는 것은 부모가 지녀야 할 덕목에 어긋난다고 비판하고 있으며, 위르겐 하버마스(Jürgen Habermas)는 맞춤 아기 유전공학이 아이의 자율성을 침해한다고 비판한다. 먼저 샌델의 주장부터 들어보자.

아이는 선물이다!

샌델은 맞춤 아기 유전공학은 정당하지 않다고 주장한다. 왜냐면 아이는 선물이기 때문이다. 아이는 선물인가? 선물이 아니라고 하는 사람은 아마 없을 것이다. 아이는 재앙이 아니라 축복이고, 선물이다. 그렇다면 선물인 아기에 대해 부모는 어떤 태도를 지녀야 할까?

누군가가 내게 선물을 준다고 해보자. 내가 선물에 대해 가져야 하는 바람직한 태도는 그냥 '주는 대로 받는 것'이다. "모모 브랜드의 26만 원짜리 빨간 핸드백을 선물로 줘!"라고 말한다면 그건 이미 선물이 아니고 일종의 주문이고 강요이다. 그건 바람직한 태도가 아니다. 선물은 내가 계획적으로 누군가에게 받아내는 것이 아니기 때문이다. 선물은 주는 대로 감사하게 받아야 한다.

아이도 마찬가지라는 게 샌델의 주장이다. 아이는 선물이므로 원하는 대로 주문하는 게 아니라 감사히 받아들여야 한다는 것이다. 샌델은 이것이 부모가 갖추어야 할 덕목이라고 본다. 부모라면, 아이를 선물로 인정해야 한다는 것이다.

샌델은 아이는 선물이라고 말한다.

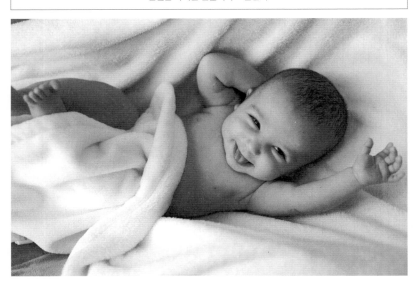

그런데 맞춤 아기는 아이를 받아들이지 않고 부모가 원하는 대로 주문하고 제작한다. 선물인 아기를 마음대로 '디자인'하는 것이다. 샌델은 이런 태도는 부모의 바람직한 태도가 아니며, 따라서 맞춤 아기 기술을 사용하는 것은 옳지 않다고 비판한다.

즉, 맞춤 아기 유전공학은 아이를 선물로 인정하지 않고 디자인하기 때문에 정당하지 않다는 것이다. 그러나 이런 주장에 대해서는 다음과 같은 반론이 가능할 듯하다. 아이를 디자인하는 건 맞춤 아기뿐 아니라 교육도 그렇다는 것. 교육이나 맞춤 아기나 아이를 디자인하기는 마찬가지인데 맞춤 아기만 반대할 이유는 없다는 것이다. 오늘날의 교육 트렌드를 보자. 기본적으로 부모가 계획하고 틀을 잡고 방향을 정하는 부모의 디자인이다. 그것도 아주 어렸을 때부터 정교하게 계획된 디자인. 예를 들어 명문대를 가기 위한 교육 디자인은 유아 시절부터 시작된다. 네 살때부터 한글을 배우고, 다섯 살부터 영어유치원에 가고, 초등학교 입학 전부터 수학 선행을 시작해서, 초등 고학년이 되면 고등 수학 선행과 영어 토플을 시작한다. 중학교에 입학하면 명문대 진학률이 높은 고교 입시를 위해 독서, 봉사, 동아리를 관리하고, 고등학교 수학 전 과정을 선행하고 수능 영어 모의고사 1등급을 찍어둔다. 이렇게 해서 원하는 고교에 입학하면 부모는 아이 대신 복잡한 대입 전형 정보를 알아보고, 전형에 맞는 생활기록부와 내신 및 수능을 전략적으로 준비시킨다. 오늘날의 교육 풍토는 아이가 움직이기 전에 부모가 먼저 움직이고, 아이가 계획하

마이클 샌델은 정치철학자이며 생명 보수주의자. 하버드 대학의 '정의(Justice)' 강의로 유명하다.

기 전에 부모가 먼저 계획하고 개입하는 부모의 디자인이다.

샌델의 나라인 미국에서도 상황은 마찬가지다. 명문 유치원에 아이를 집어넣기 위해 부모가 누군가의 비위를 맞추려 주가를 조작하는 사건이 일어나기도 하고, SAT 준비를 위해 개인 교사, 교재, 소프트웨어에 매년 엄청난 돈이 지출되기도 한다. 시험 준비와 관련한 산업만 25억 달러 규모에 이를 정도이다. 부모들은 개인 상담사나 컨설턴트를 고용해서 어떤 특별활동과 봉사활동, 여름방학 활동을 해야 이력서를 멋지게 꾸밀 수 있는지를 컨설팅을 받기도 하고, 전문업체를 통해 아이의 자기소개서를 첨삭받고, 면접 연습을 시키기도 한다. 아이는 그렇게 해서 명문대에 들어간다. 여기까지는 한국과 비슷. 그런데 미국에서는 자녀가 대학에 입학한 후에도 디자인이 계속된다. 왜냐면 졸업이 쉽지 않기 때문이다. 부모들은 캠퍼스 기숙사에 가서 아이와 함께 밤을 새워주기도 하고, 과제를 도와주기도 한다. 심지어 어떤 부모는 기숙사에 전화를 걸어 자는 아이를 깨워달라고 부탁하기도 한다. 오죽하면 한 대학의 총장은 '캠퍼스로부터 부모를 멀어지게 하기'라는 칼럼을 썼을 정도다.

이렇게 오늘날의 교육은 부모가 미리 개입하여 아이를 특정한 방향으로 디자인하는 경우가 많다. 그렇다면 교육이나 맞춤 아기는 별로 다를 게 없다. 태어나기 전에 부모가 유전자를 편집하여 특정한 아이로 만드는 것이나, 태어난 이후에 부모가 여러 가지 선행학습을 시켜 명문대생으로 만드는 것이나 뭐가 다른가? 둘다 아이를 디자인하는 것이다. 교육은 되는데, 맞춤 아기는 안된다고 할 이유가 있는가?

이러한 비판에 대해서 흔히 나올 법한 대답은 교육과 맞춤 아기가 서로 다르다는 대답일 것이다. 이를테면, 맞춤 아기는 선천적인 것을 고치는 것이지만 교육은 후천적인 것을 변화시키는 것이니 다르다고 주장할 수 있을 것 같다. 하지만 부모가 미리 결정한다는 점에서 둘 다 디자인이며, 그 점에서 공통점을 지닌다는 것을 부인하기는 어렵다. 그러니 그 대답으로는 비판을 말끔히 누그러뜨릴 수 없을 것 같다.

영리하게도(?) 샌델은 그렇게 대답하지 않는다. 그의 대답은 이렇다. '아이를 부모 마음대로 디자인하는 교육 역시 나쁘다!'라는 것. 오늘날의 교육 트렌드도 옳지 않다는 것이다. 아이는 선물인데, 그런 아이를 있는 그대로 인정하지 않고 부모의 의도대로 만들고 조작하기 때문이다. 따라서 현재 이러한 교육을 하고 있다고 해서 맞춤 아기를 해도 된다고 볼 수는 없다. 샌델이 보기에는 이러한 교육도 옳지 않은 것이기 때문이다. 맞춤 아기도, 오늘날의 교육 풍토도, 둘 다 나쁘다는 것.

하지만, 좋은 대학을 나와야 좋은 직장을 가질 수 있는 사회 구조에서 부모는 그런 교육을 할 수밖에 없다. 경쟁 사회에서 아이가 살아남아야 하니까 말이다. 어쩌면 태어난 이후의 과도한 교육보다는 태어나기 전에 유전자를 훌륭하게 맞춤해주는 것이 더 좋을지도 모른다. 그러나 샌델은 사회가 요구하는 그런 틀 자체를 거부해야지, 그 틀 안에 아이를 밀어 넣는 것은 바람직하지 않다고 본다. 잘못된 건 사회 구조이기 때문이다. 사회 구조를 바로잡아야지, 그 구조에 순응하기 위해 아이를 조작하는 것은 옳지 않다는 것이다. 왜냐면, 아이는 선물이기 때문이다!

따라서 사회가 원하는 것이 무엇이든, 부모가 할 일은, 샌델에 따르면, 자녀를 선물처럼 감사하게 받아들이는 것이다. 아이는 개입하거나 디자인할 수 있는 대상이 아니므로 맞춤 아기 유전공학으로 아기의 유전자를 편집하는 것은 부모로서 옳지 못한 행동이라는 것이다.

맞춤 아기는 도덕성의 몰락!

샌델은 아이를 선물로 인정하지 않고 우리가 맞춤 아기 기술을 사용하게 된다면, 겸손, 책임, 연대감이라는 도덕성이 몰락한다고 말한다. 왜 그럴까?

우선, 겸손이라는 도덕성부터 살펴보자. 겸손은 우리가 선한 것으로 여겨온 미덕 가운데 하나다. 우리는 자만하지 않고 자신을 낮추는 것을 좋은 태도로 여긴다. 지금까지 잘했어도 다음에는 못할 수도 있는 게 사람이고, 세상은 항상 내 뜻대로만 되는 건 아니니까, 우리는 자신을 과신하지 않고 남에게 잘난 척하지 않으려 한다. 누가 칭찬을 하더라도 "아니야, 운이 좋았을 뿐이야!"라며 자신을 낮추는 것.

그런데, 샌델에 따르면 맞춤 아기 기술이 상용화되면 이러한 겸손이 약해진다. 왜냐면 맞춤 아기를 하게 되면, 모든 것은 운이 아닌 디자인의 결과가 되기 때문이다. 즉, "운이 좋았다!"라는 말을 할 일이 없어지는 것이다.

맞춤 아기가 불가능한 지금은 "운이 좋았다!"라는 말을 할 일이 많다. 외모, 성격, 재능 등 많은 것들이 우연히 주어지니까. 예를 들어 태어나서 처음으로 달리기를 한다고 해보자. 이상하게도 처음부터 잘 달리는 아이들이 있다. 원한 적도 없고 신경 쓴 적도 없는데, 그냥 잘 달리는 것이다. 그런 게 바로 재능이다. 그런 재능은 그냥 우연이고 운이다. 내 아이에게 그런 재능이 있다면 그건, 운이 좋았던 덕분이고, 그저 감사할 따름!

그러나 모든 것이 유전자의 디자인이라면 사정은 좀 달라진다. 재능은 열심히 생각하고 계획한 결과가 되기 때문이다. 예를 들어, 내 아이가 똑똑하고, 예쁘고, 운동신경이 좋다고 해보자. 그건 어디까지나 내가 열심히 노력해서 유전자 맞춤을 잘했기 때문인 게 된다. 잘하고 못하고, 잘났고 못났고는 디자인을 잘했는지에 달려 있다. 그러니 내 아이가 잘났다면, 그건 운이 좋아서가 아니라 내가 열심히 디자인한 결과가 된다. 그래서 누군가가 "갑돌이

엄마! 어쩜 그렇게 갑돌이가 똑똑한가요?"라고 칭찬을 한다면 이제 나의 대답은 "내가 다 그렇게 해놨어요!"가 되는 거다. 행운 앞에서 자신을 낮추던 사람들이 유전공학에 힘입어 겸손함을 잃게 되는 것이다.

맞춤 아기 유전공학은 마치 내가 모든 걸 다 할 수 있을 것 같은 오만을 불러일으킨다. 원하는 재능, 원하는 모습, 원하는 성격, 모든 걸 다 만들 수 있게 해주니까 말이다. 마치 인간인 내가 창조주라도 된 마냥. 그래서 샌델은 맞춤 아기 유전공학이 인간을 오만하게 만들고 겸손의 미덕을 사라지게 만든다고 비판하다.

다음으로, 책임이라는 도덕성에 대해 살펴보자. 샌델은 맞춤 아기 기술이 유행하면 책임이 과도하게 커진다고 말한다. 책임이 너무 많이 늘어나서 미덕이 악덕이 되어버린다는 것. 당연히 그렇게 될 확률이 높다. 맞춤 아기를 하게 되면 부모가 책임져야 할 것이 많아지기 때문이다. 현재의 부모들은 아이가 잘 자랄 수 있도록 건강을 챙기고, 돌보고, 대화하고, 교육하면 된다. 그런데 맞춤 아기가 허용된 세상에서 부모들은 이제 유전자까지 책임을 져야 한다. 그건 쉬운 일이 아니다. 부모가 아무리 열심히 가장 좋은 유전자를 선택했다 하더라도 완벽할 수는 없기 때문이다. 어느 날 아이가 이렇게 묻는 일이 많아질 것이다. "엄마 왜 내 발가락 모양이 이렇게 못생겼어?" "엄마 내 오른쪽 눈썹 모양이 왜 이래?" 그럼 아마도 엄마는 이렇게 대답해야 할 것이다. "어머, 내가 그건 미처 생각을 못 했어! 발가락 유전자도 봤어야 했는데……

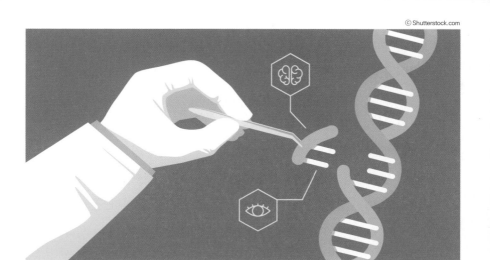

맞춤 아기가 가능한 세상에서 부모는 아이의 모든 것을 책임져야 한다.

눈썹 모양 유전자도 잘 골랐어야 했는데…… 미안해!"

　지금은 발가락 모양이 어떠하든, 눈이 작든 크든, 달리기를 못 하든 잘하든, 모든 건 다 운이기 때문에 어쩔 수가 없다. 하지만 운이 선택의 문제로 대체되는 순간 이야기는 달라진다. 모든 게 다 부모 탓이 된다. 내가 성공하지 못한 건 엄마 아빠가 나에게 집중력의 유전자를 주지 않아서고 내가 농구를 못 하는 건 엄마 아빠가 튼튼한 종아리의 유전자를 편집해 넣지 않아서가 되는 것. 부모는 모든 걸 잘 선택해야 하는 책임의 부담을 떠안게 되는 것이다. 어떤 눈, 어떤 눈썹, 어떤 코, 어떤 발, 어떤 목소리, 어떤 재능, 어떤 지능, 어떤 성격 등 수많은 "어떤" 것들을 책임져야 한다.

게다가 태어난 아이의 형질이 훌륭하게 펼쳐질 수 있도록 교육의 책임도 등한시해서는 안 된다. 이렇게 책임이 막대하게 커지는 거다.

마지막으로 샌델은 맞춤 아기가 만연해지면, 연대감이라는 미덕이 약해진다고 말한다. 연대감은 우리는 서로 결속된 하나라는 것을 느끼는 감정이다. 우리에게는 그런 연대감이 있다. 우리는 서로를 한 사회의 구성원으로서 결속된 하나로 느끼며, 서로 돕고, 위하고, 뭉치려 한다. 성공한 사람은 자신의 노하우를 실패한 사람에게 나누기도 하고, 부유한 사람은 자신의 부를 가난한 사람에게 기부하기도 한다. 이러한 연대감은 사회공동체의 지속을 위해 필요한 중요한 도덕성 가운데 하나이다.

그런데 샌델이 보기에, 맞춤 아기가 유행하는 세상에서는 이런 연대감을 가지기 어렵다. 성공한 자의 성공이나 실패한 자의 불행은 운이 아니라 디자인의 결과가 돼버리기 때문이다. 맞춤 아기가 없는 현재의 세상에서는 성공에 적합한 형질은 모두 유전자 제비뽑기에서 나온다. 운 좋게도 좋은 유전자가 당첨(?)된 사람은 이 세상에서 얻어가는 것들이 많다. 더 좋은 직장과 더 좋은 사업 아이템, 더 좋은 사람들…… 그래서 좋은 유전자로 성공을 거둔 사람들은 이 성공이 단지 노력의 결과만은 아니라는 걸 안다. 운 좋게도 나에게 좋은 두뇌와 집중력, 침착한 성격과 뛰어난 재능이 당첨(!)되지 않았다면 이 모든 걸 누릴 수는 없었다는 걸. 그래서 운 좋게 얻은 부를 혼자만 누리지 않고 사회의 다른 사람들, 특

연대감은 사회를 지속하기 위해 필요한 중요한 미덕이다.

히 유전자 제비뽑기의 행운이 따르지 않아 실패한 사람들에게 나누고자 하는 마음이 생길 수 있다.

하지만 모든 형질을 미리 선택하고 설계하는 맞춤 아기의 세상에서는 유전자 제비뽑기의 '운'이 사라진다. 모든 건 노력의 결과가 되는 것이다. 부모가 미래를 내다보고 좋은 유전자를 편집하려고 한 노력, 그리고 태어난 아이가 그 유전자를 발판 삼아 형질을 발현하고자 한 노력의 결과가 되는 것이다. 이를테면, 엄마 아빠가 노력해서 좋은 두뇌, 인내력, 집중력, 사교성, 독창성 등 성공에 적합한 유전자를 맞춤 제작하면 태어난 아이가 노력해서 좋은 대학, 좋은 직장, 좋은 사업을 해서 성공하게 되는 식. 제비뽑기라는 우연은 사라지고 처음부터 끝까지 계획과 노력으로 채워 지는 것이다. 그래서 성공한 사람들은 자신의 성공이 오래전부 터 계획된 철저한 계산과 노력의 결과라고 생각하기가 쉬워진다. "성공할 만했기에 성공한 거야!"라고 말이다. 반면에 실패를 거듭 하며 가난한 삶을 사는 사회 밑바닥의 불행한 사람들에 대해서는 준비하지 않고, 노력하지 않은 결과라고 생각할 수 있다. "미리미 리 유전자를 디자인하지 않고 뭐한 거야?"라고. 게다가 유전공학 의 발달로 인해 성인의 유전자 교정도 가능하다면—물론 맞춤 아 기 보다는 효과가 떨어지겠지만—부자들은 가난한 사람들이 지 금이라도 유전자를 바꾸어야 한다고 생각할 것이다. "너희도 유 전자를 바꾸고 노력을 하라고. 우리도 여기까지 오는데 너무나 힘들었다고!" 즉, 가난한 이들에게 도움을 주기보다는 가난의 탓 을 그들에게 돌리는 것이다. 그래서 샌델은 맞춤 아기 유전공학 이 연대감을 감소시킨다고 말한다.

이렇게 샌델은 아기를 선물로 인정하지 않고 디자인하여 만들 고자 하는 유전공학은 우리의 소중한 미덕인 겸손, 책임, 연대감 을 무너뜨린다고 본다. 유전자 제비뽑기가 있어야 할 자리에 디 자인이 들어서면 우리는 모든 걸 뜻대로 만들 수 있다는 오만에 빠지고, 모든 걸 책임져야 하며, 불행한 이들을 돕고자 하는 마음 을 느끼지 않게 된다는 것. 그래서 샌델은 맞춤 아기 과학기술을 금지해야 한다고 본다.

아이의 자율성 침해!

독일의 철학자 하버마스는 맞춤 아기 유전공학이 아이의 자율성을 침해하기 때문에 옳지 않다고 비판한다.

자율성이란 어떤 걸까? 우리가 자율적으로 행동한다는 것은 무언가를 할 때 남에게 구속을 당하거나, 혹은 남에게 의존함 없이 스스로 하는 것을 뜻한다. 즉, 남이 이래라 저래라 시킨 대로 행동하는 게 아니고, 내가 생각하고 결정한 대로 행동하는 것이다. 쉽게 말하면, 자율성은 자기가 알아서 하는 거다. 공부하든, 영화를 보든, 알아서 하는 것.

인간은 이러한 자율성을 지닌 존재이다. 남이 뭐라든 스스로 선택하고, 생각하고 행동할 줄 안다. 알아서 할 수 있는 존재인 것이다. 그리고 인간에게는 그렇게 할 권리가 있다. 남에게 구속받지 않고 스스로 알아서 할 권리. 이러한 권리는 어떤 경우에도 침해될 수 없는 기본적인 권리다.

그런데 맞춤 아기 유전공학은 이러한 권리를 침해한다. 자신의 삶을 자신이 아닌 다른 사람, 곧 부모가 프로그램하기 때문이다. 부모는 아이에게는 물어보지도 않고, 아이의 의사 따위는 존중하지 않은 채, 부모가 좋다고 생각하는 것을 프로그램한다. 폐활량과 근육을 좋게 만들어 수영을 잘할 수 있게, 손가락을 가늘고 길게 만들어 피아노를 잘 칠 수 있게, 지능과 집중력을 최고치로 높여 공부를 잘할 수 있게. 하지만 태어난 아이도 그것을 원할까?

삶이 책이라면 그 책의 저자는 나 자신이어야 한다.

아이는 그게 싫을 수도 있다. 수영도 피아노도 긴 손가락도 공부도. 그런데도 맞춤 아기 시술을 하는 부모들은 자기가 원하는 것을 선택한다. 피아노를 치든 수영을 하든 아이가 알아서 할 일인데, 아이의 자율성을 무시하고 부모가 맘대로 하는 것이다.

그렇게 부모가 프로그램한 아이의 삶은 아이의 것이 될 수 있을까? 하버마스는 그럴 수 없다고 본다. 그는 유전학적으로 프로그램된 인격체들은 자기 삶의 온전한 저자가 될 수 없다고 말한다.

삶이 한 권의 책이라면 그 책을 쓰는 저자는 자기 자신이어야 한다. 어떤 경험을 하고, 어떤 좌절을 하고, 어떤 공부를 하고, 어떤 미래를 꿈꾸며, 누구와 만나 사랑에 빠지는지 내 삶의 스토리는 내가 결정하는 것이기 때문이다. 그러나 유전학적으로 누군가에 의해 프로그램된 맞춤 아기는 자기 삶의 스토리를 온전히 자신이 결정한다고 보기 힘들다. 이미 태어나기도 전에 부모가 삶의 스토리를 구상하고 세팅해버렸기 때문이다. 물론 아이도 태어난 이후 스스로 선택을 할 수는 있지만, 그 선택은 부모의 최초 선택에 영향을 받을 수밖에 없다. 예를 들어 부모가 수영에 최고로 적합한 유전자를 넣어 세팅했다고 해보자. 그렇게 태어난 아이는 여러 가지 선택지 중에서 수영을 선택할 가능성이 크다. 여러 가지를 배워보았더니 가장 잘하는 게 수영이니까. 그래서 아이는 수영을 하기로 마음을 먹는다. 아이는 수영을 좋아하고, 수영선수가 되길 꿈꾼다. 열심히 노력해서 올림픽에 출전하여 금메달도 따고, 대학도 관련 학과로 진학을 한다. 그리고 그곳에서 만난 사람과 교제하여 결혼도 한다. 아이는 살아가며 많은 것을 선택했다. 수영을 선택하고, 직업을 선택하고, 배우자를 선택했다.

그러나 이런 선택을 할 수 있었던 것은 태어나기 전에 부모가 했던 선택 때문이다. 부모가 아이에게 그 유전자를 넣어주지 않았다면 아이는 수영을 원하지도, 금메달을 따려고 노력하지도, 관련 학과에 들어가지도 않았을 것이고, 지금의 배우자를 만날 수도 없었을 것이기 때문이다. 아이는 이런저런 것을 추구하고, 좋아하고, 선택하며 살아왔으나 이 모든 건 부모의 계획과 구상 안에서 이루어졌다. 부모의 최초 프로그램은 아이의 인생 전반에

긴 영향을 미치는 것이다. 이러한 아이의 삶은 온전히 자신의 삶일 수 없고, 순수하게 자율적인 인생이라고 볼 수 없다.

더욱이 자신이 그렇게 프로그램된 채로 이 세상에 태어났다는 것을 안다면 어떻겠는가? 아이는 무엇을 하건, 무엇을 원하고, 무엇을 잘하게 되건 그 뒤에는 부모의 기획과 프로그램이 버티고 있음을 느끼게 될 거다. 평생을 나 자신이 아닌 다른 이의 계획에 종속된 삶을 산다고 느끼는 것이다. 자기를 자율적인 존재로 생각할 수 없다는 건 매우 고통스러운 일이다.

이렇게 맞춤 아기 기술은 아이의 자율성을 침해한다. 게다가 맞춤 아기 유전공학은 부모와 자녀의 관계를 지배와 종속이라는 불평등한 관계로 만든다. 프로그래머는 지배자이고, 프로그램된

자신이 수영선수가 되도록 프로그램되었다는 것을 알게 된다면 어떤 느낌이 들까?

존재는 지배자에 종속되기 때문이다. 프로그램된 아이는 프로그래머인 부모의 결정과 선택에 무방비 상태로 당할 수밖에 없다. 인간은 누구나 평등하고 자유로운데 맞춤 아기에게는 그 기본적인 도덕이 허락되지 않는 것이다.

그러니까 하버마스는 맞춤 아기 기술이 부모가 프로그래머가 되어 아이를 지배하게 만들고, 아이의 자율성을 침해하게 만든다고 본다. 그래서 그는 탄생의 유전학적 우연성이 확보되어야 한다고 말한다. 탄생의 우연성이 확보된다는 건 인간이 그 누구도 어쩌지 못하는 시초에서 시작된다는 것을 뜻한다. 어떤 아이가 어떤 모습으로 어떤 재능을 가지고 태어날지 마치 주사위 던져지듯 결정되는 것이다. 하버마스는 그렇게 누구도 건드릴 수 없는 우연에서 내 존재가 시작되어야 누군가에 종속됨 없는 자유도 시작될 수 있다고 본다. 태어남의 우연성이 주어져야 자율성도 가능하다는 것이다. 그래서 그는 맞춤 아기를 반대한다.

우생학의 부활

샌델이나 하버마스를 포함한 반대론자들과 대중들이 가장 염려하는 맞춤 아기의 문제는 우생학(eugenics)이다. 맞춤 아기 유전 공학이 과거에 행해졌던 우생학과 닮아 있다는 것이다.

우선, 우생학이 어떤 것인지부터 살펴보자. 우생학이란 인류를 유전학적으로 개량할 수 있다고 믿는 사상을 말한다. 이 사상은 아주 오래전인 1883년 프랜시스 골턴(Francis Galton)에 의해 창시되었다. 그는 동물이나 식물을 우수한 형질로 개량하는 것을 보고 인간도 그럴 필요가 있다고 생각했다. 더 좋은 형질을 가지게끔 개량할 수 있다면 인류가 더 발전할 거라고 본 것이다. 그는 인류의 형질을 우수하게 개량하기 위해서는 우월한 형질의 비율을 늘리고 열등한 형질의 비율을 체계적으로 낮추는 정책을 실현해야 한다고 믿었다. 이러한 믿음은 곧 대중화되기 시작했고, 놀랍게도 열등하다고 생각되는 형질을 지닌 사람들에게 불임시술을 시행하는 방향으로 나아갔다. 열등한 형질을 가진 사람들이 아이를 낳지 않아야 후대의 후손들에게서 열등한 형질을 지닌 비율이 줄어들 것이라고 믿었기 때문이다. 많은 나라가 이런 식의 우생학 정책을 시행했다.

예를 들어 미국에서는 1907년 정신박약자, 범죄자, 극빈자에 대한 불임시술을 시행하기 시작하여 30여 년간 약 5만 명을 단종시켰고, 독일에서는 1933년 히틀러가 불임법을 제정하여 선천성 정신질환, 정신분열, 선천성 시각장애인, 간질, 알코올 중독, 헌팅턴씨병을 앓은 사람과 시각장애인에게 불임시술을 강행하여 나치 치하 말기까지 대략 35만 명의 생식능력을 빼앗았다.

그리고 이 가운데 독일은 불임시술에 그치지 않고, 결함이 있다고 여겨지는 사람들을 직접 죽이는 잔인한 학살마저 일으켰다. 독일 나치는 1939년부터 T-4 안락사 프로그램(베를린의 티어가르텐[Tiergarten] 거리 4번지라는 이유에서 T-4라고 부름)이라는 것을 만들어 신체장애인과 정신질환자들을 학살하였다. 처음에는 3세 미만의 장애 아동들을 '안락사'라는 이름으로 죽이기 시작하더니 나중에는 17세로, 그 다음은 성인으로 확장해서 30만 명의 사람들을 죽였다. 그리고 이러한 학살은 1943년에 이르러 유대인을 순수하지 않은 인종으로 규정하며 대량 학살하는 홀로코스트로 이어졌다.

아돌프 히틀러

히틀러는 불임법을 인류가 할 수 있는 가장 고상한 일이라고 보았고, T-4 안락사 프로그램을 민족의 건강과 사회의 경제적 손실을 줄이는 자비로운 일이라 포장하였고, 유대인 학살을 '인종순화'라고 불렀다. 나치에게 이런 강제 불임 시술과 학살은 후손이 건강하게끔, 후손에게 결함 없는 순수한 아리안의 피가 흐르게끔 하기 위한 우생학의 일환이었다. 물론 그들이 죽인 사람들의 형질이 유전된다는 과학적 근거는 없었고, 그들이 생각하는 우월한 형질과 열등한 형질의 기준도 자의적이었다.

지금의 시각으로 보면 매우 어처구니없고 황당하나, 이러한 강제적인 불임과 학살은 모두 후대 인류의 형질을 개량하고자 하는 우생학에 따른 것이었다. 이렇듯 우생학의 결과는 잔인했고 경악스러웠다. 그래서 우생학은 전 세계의 비난 속에 몰락하고 만다.

맞춤 아기 반대론자들은 이러한 우생학의 그림자가 맞춤 아기 유전공학에도 드리워져 있다고 평가한다. 맞춤 아기 유전공학도 우생학처럼 우월한 형질을 후손에게 물려주어 후손이 결함 없이 건강하고 더 나아지는 것을 목적으로 하기 때문이다. 즉 맞춤 아기 유전공학의 목적과 우생학의 목적이 같은 것이다. 그리고 이 외에도 우생학과 맞춤 아기는 비슷한 부분이 많다. 우선, 과거의 우생학이 자의적인 기준으로 우열을 가린 것과 마찬가지로 맞춤 아기 유전공학 역시 부모의 자의적인 기준에 따라 진행된다. 부모가 유전자를 선택할 때는 자신의 선호에 따라 우열을 가리기 때문이다. 어떤 부모는 하얀 피부를, 어떤 부모는 검은 피부를, 어떤 부모는 오뚝한 코를, 어떤 부모는 뭉뚝한 코를 우월하다 여길 수 있고, 심지어 어떤 부모는 시청각 장애를 우월한 것으로 여길 수도 있다. 자기가 생각하는 주관적인 기준으로 우열을 가리고, 그것으로 유전자를 선택한다는 점에서 맞춤 아기 공학은 과거 우생학이 보여준 행태와 비슷하다. 또한, 우생학과 맞춤 아기 유전공학은 생식에 인위적으로 개입한다는 점에서 비슷하다. 과거의 우생학이 임신을 금지하는 방식으로 생식에 인위적으로 개입했다면 현재의 맞춤 아기 유전공학은 배아를 형성하고 착상하는 생식 과정 자체에 인위적인 개입을 한다. 과거의 우생학은 전문적인 기술과 지식이 없었기에 생식을 금지해서 후손에게 우월한 형질을 주고자 한 것이라면, 현대의 맞춤 아기는 배아에 직접 우월한 유전자를 넣는 기술을 이용해서 후손에게 우월한 형질을 주고자 하는 것이다. 그 점에서 현대의 맞춤 아기 유전공학은 더 발전된 형태의 우생학이라고 볼 수 있을 것이다.

이렇게 맞춤 아기 유전공학은 우생학과 유사하다. 자의적으로 우열을 가려, 생식에 인위적으로 개입하며, 후손이 더 나아지기를 도모하는 것이다. 반대론자들은 과거 나치의 끔찍했던 우생학이 현대 유전공학을 통해 부활한 것이라고 본다. 과연 이러한 공학기술을 우리가 사용해야 할까? 반대론자들은 홀로코스트를 일으켰던 우생학의 교훈을 잊어서는 안 된다고 말한다.

맞춤 아기 반대를 반대하다!

앨런 뷰캐넌, 존 해리스(John Harris) 등은 맞춤 아기 유전공학이 비도덕적이라는 반대론자들의 주장이 옳지 않다고 본다. 맞춤 아기 반대론자들의 반대를 반대하는 것! 어떤 이유에서 반대론자들이 옳지 않다고 보는 것일까? 지금부터 맞춤 아기 찬성론자들의 이야기를 들어보자.

선물로 받아들여야만 도덕인가?

우선, 샌델의 선물 논증에 대한 찬성론자들의 비판을 살펴보자. 샌델은 아이를 선물로 받아들이는 것이 부모가 지켜야 할 덕목인데 맞춤 아기 유전공학은 이 덕목에 어긋나므로 옳지 않다고 주장한다. 그러나 뷰캐넌을 비롯한 찬성론자들은 이런 주장은 맞춤 아기 기술을 비판하는 충분한 근거가 될 수 없다고 본다.

기술에게 정의를 묻다

샌델이 아이를 선물로 받아들이는 것을 부모의 덕목으로 보는 이유가 무엇일까? 그 이유는 생각보다 싱겁다. 샌델은 사람들이 느끼는 정서와 관행을 분석하면 이것이 부모의 덕목임을 알 수 있다고 말한다. 즉 '아이를 선물로 받아들이기'는 우리가 관행적으로 선하다고 여겨온 덕목인 것이다. 우리의 정서와 관행은 아이를 선물이라 여기는 것인

앨런 뷰캐넌은 철학자이자 생명윤리학자이다.

데, 맞춤 아기는 이것에 어긋나므로 옳지 않다는 것!

그러나 뷰캐넌은 겨우 이런 이유로는 맞춤 아기를 비판할 수는 없다고 반론한다. 왜냐면 우리가 선하다고 여겨온 부모의 덕목에는 샌델이 말한 것 말고도 여러 가지가 있기 때문이다. '아이의 행복을 위해 최선을 다하기', '아이가 자유롭게 자라나도록 돕기', '아이가 발전하도록 이끌기', '아이를 아낌없이 사랑하기', '아이를 존중하기' 등 부모의 덕목은 많다. '아이를 선물로 받아들이기'와 마찬가지로 이 덕목들 역시 우리가 그동안 선한 것이라 여겨온 부모다움의 덕목들이다. 그런데 샌델은 다른 부모의 덕목에 대해서는 언급하지 않고 오직 '아이를 선물로 받아들여라!'만을 외치고 있다. 그건 아마도 샌델이 다른 덕목들보다 '선물로 받아들이기'를 가장 중요한 것이라 가정하고 있기 때문일 것이다. '아이를 선물로 받아들이기'와 '아이의 행복을 위해 최선을 다하기'가 양

립할 수 없는 경우 무조건 전자를 선택해야 한다는 것. 그런데 왜 그래야 할까? 샌델이 자신의 주장을 우리에게 설득하려면 '아이를 선물로 받아들이기'가 어째서 다른 덕목들보다 중요한 것인지 그 이유를 밝혀야 할 것이다. 그런데 샌델은 그 어떤 설명도 하지 않는다. 그냥 선물로 받아들이는 게 도덕이니까 그렇게 해야 한다고 말할 뿐.

그래서 뷰캐넌은 맞춤 아기 유전공학을 비판하는 샌델의 주장이 타당하지 않다고 비판한다. 맞춤 아기 시술을 이용하기로 선택한 부모들은 '선물로 인정하기' 대신에 '아이의 행복을 위해 최선을 다하기'라는 덕목을 실천하고 있는 것일 수도 있는데, 그게 왜 나쁜지를 설명하지 못하기 때문이다. 어째서 선물로 받아들이는 것만 도덕인지 설명하지 못하는 한, 아이가 선물이라는 이유 하나로 맞춤 아기를 금지할 수는 없다는 것이다. 부모에게 아이는 선물이지만, 그 선물을 행복하게 하는 것도 부모의 할 일이라는 것.

도덕성의 몰락이 아니야!

샌델은 맞춤 아기가 유행하면 겸손이 약해지고 책임이 증폭되며 연대성이 감소할 것이라고 보았다. 그러나 찬성론자들은 샌델의 주장에 동의하지 않는다.

우선, '겸손의 약화'에 대한 반론부터 살펴보자. 샌델은 맞춤 아기 기술 때문에 '운'이나 '우연'에 감사하는 겸손이 사라지고 무엇이든 다 할 수 있다는 오만에 빠진다고 말한다. 그러나 뷰캐넌은 이러한 염려는 샌델이 유전자 결정론을 전제로 한 잘못된 판단이라고 비판한다. 샌델은 유전자를 미리 결정하면 아이의 삶도 결정되는 것처럼 가정하고 있는데, 이것은 유전자가 환경과 상관없이 모든 걸 결정한다는 유전자 결정론에 해당한다. 그러나 유전자 결정론은 과학적으로 근거가 없는 잘못된 이론이다. 인간의 재능이나 성향 등 형질은 유전자뿐 아니라 적절한 환경과 교육, 우연한 기회, 인간관계, 행운 등에 영향을 받기 때문이다. 좋은 유전자가 있더라도 교육을 받지 못하거나, 사고를 당하거나, 삶의 시련이 닥치거나, 적절한 기회를 얻지 못하면 능력은 발현되지 않는다. 다시 말해서 음악적인 재능과 관련된 유전자를 선택해서 맞춤 아기를 하더라도 음악적 재능이 발현되지 않을 수도 있는 것이다. 음악적 재능에는 유전자뿐 아니라 훌륭한 선생님을 만나게 된 행운, 우연히 얻게 되는 기회, 재난이나 사고를 당하지 않을 행운 등 숱한 우연성이 개입되기 때문이다.

그러니까, 맞춤 아기는 재능을 얻을 가능성을 열어주는 것일 뿐이지, 재능과 능력을 전적으로 결정하거나 삶의 모든 걸 원하는 대로 통제하도록 해주는 게 아니다. 그래서 뷰캐넌은 샌델이 걱정하는 것처럼 맞춤 아기를 허용한다고 해서 오만이 팽배해지거나, 운이 좋았다는 겸손이 사라지지는 않는다고 본다. 맞춤 아기 기술을 이용하더라도 여전히 우리는 행운에 감사할 일이 많다는 것. 좋은 선생님을 만나게 된 행운, 사고를 당하지 않은 행운, 좋은 친구를 만난 행운 등등 "운이 좋았어!"라며 겸손해할 일은 많다는 것이다. 그래서, 뷰캐넌은 겸손의 미덕이 사라진다는 샌델의 염려는 그럴듯하지 않다고 본다.

다음으로, '책임의 증폭'에 대한 찬성론자들의 반론이다. 샌델은 맞춤 아기가 유행하면 부모가 유전자를 선택함에 따라 책임이 막대하게 커진다고 말한다. 미덕이었던 책임이 악덕으로 변한다는 것이다. 이에 대해 해리스는 책임이 늘어난다고 해서 그것이 악덕이어야 할 이유는 없다고 말한다. 이미 인류 문명의 역사에 있어서 인간의 책임은 기술의 발전에 따라 증대되어왔기 때문이다. 의학기술이 발전함에 따라 질병과 건강관리에 대한 책임이 늘어났고, 컴퓨터와 통신기술의 발달로 인해 늘어난 정보들은 인간의 일상생활 전반에 대한 선택지를 확장하여 선택에 따른 책임을 증폭시켰다. 예컨대 우리는 이제 어딜 가든, 무엇을 먹든, 어떤 학원을 가고, 어떤 병원을 가든 넘쳐나는 정보 속에서 많은 선택을 해야 한다. 이에 따라 정보를 잘 찾아 제대로 된 선택을 해야 하는 책임도 늘었다. 이런 책임은 통신기술이 발달하기 전에는 없었던 책임이다. 샌델의 주장대로 책임의 증가가 악덕의 징후라면, 기술 발전의 역사에서 책임은 이미 오래전에 악덕이었어야할 것이다. 그런데 유독 샌델은 맞춤 아기 유전공학으로 인한 책임의 증가만을 문제 삼는다. 맞춤 아기 유전공학으로 인해 늘어난 책임만이 악덕이어야 할 이유가 있을까? 해리스는 책임의 증가를 이유로 맞춤 아기 기술을 비판하는 샌델의 주장은 타당하지 않다고 말한다.

마지막으로 '연대성 감소'에 대한 찬성론자들의 반론을 살펴보자. 샌델은 맞춤 아기가 유행하는 사회에서는 유전자 제비뽑기의 행운 덕에 성공한 사람들이 유전자 제비뽑기의 불운 때문에 실패한 사람들을 도우려고 하는 연대성이 감소할 것이라고 주장한다. 그러나 존 대나허(John Danaher)는 유전자 제비뽑기와 연대성 사이에는 어떤 인과관계도 없다고 비판한다. 즉, 자신의 재능이 유전자 제비뽑기라는 행운에서 나왔다는 걸 안다고 해서 불운한 사람들을 돕고자 하는 연대가 반드시 나타나는 것은 아니라는 것이다. 운이 좋아서 성공하기 유리한 유전자를 지녔고, 그 덕에 성공했다는 것을 알아도 베풀지 않는 사람들은 많기 때문이다. 자신의 성공이 유전자 제비뽑기의 행운 때문이었다고 느끼는 사람들 가운데에는 "그러니까 내가 정말 잘났지!"라고 생각하는 사람도 있다. 자신이 태생적으로 남들과 다른 부류라고 느끼는 것이다. 이들은 자신의 부를 불운한 사람들과 나누기보다는 오히려 더 많은 부를 축적하고자 불운한 이들을 이용하기도 한다. 즉, 사회 구성원을 돕고자 하는 연대감은 유전자 제비뽑기의 행운에서 필연적으로 나오는 게 아닌 거다.

그리고 대나허는 누군가를 돕고자 하는 마음은 공감이나 동정심 등과 같은 경로에 의해서 촉진되므로 맞춤 아기가 유행한다고 해서 연대감이 감소하는 것은 아니라고 말한다. 맞춤 아기 유전공학을 이용한다고 해서 공감이나 동정심이 사라지는 건 아니기 때문이다. 즉 나의 재능이 유전자 디자인의 결과라고 생각하게 될지라도, 공감할 줄 모르는 '사이코패스'가 되는 건 아니다. 내가 노력해서 성공했다고 느낄지라도 불우한 이들을 보면 공감과 동정심을 느낄 수 있으므로 그들을 돕고자 하는 연대감은 유지될 수 있다는 것.

오히려 제프 맥머핸(Jeff McMahan)을 비롯한 찬성론자들은 맞춤 아기 유전공학 덕분에 연대성이 증가할 수도 있다고 본다. 공감 능력이나 동정심이 뛰어난 유전자를 맞춤할 수도 있기 때문이다.

그리고 해리스는 설령 맞춤 아기로 인해 연대성의 미덕이 감소할지라도 행복이라는 미덕이 증가하고 불평등이라는 악덕은 줄어들기 때문에 도덕적인 손실보다 이득이 더 많다고 말한다. 좋은 유전자를 많이 가질 수 있어서 할 수 있는 일들이 많아지고, 성취할 수 있는 것들이 많아지니 행복해질 것이고, 부의 불평등도 줄어들 것이다. 해리스는 맞춤 아기를 금지해서 연대성을 유지하는 것보다는 맞춤 아기를 허용해서 성공한 개인들을 증가시켜 불평등을 줄이는 것이 더 낫다고

존 해리스는 연대성이 설령 감소할지라도 맞춤 아기 유전공학으로 불평등이라는 악덕을 줄이는 것이 낫다고 본다.

기술에게 정의를 묻다

본다. 자연적인 재능의 불평등 때문에 생긴 부의 불평등은 그 부를 재분배해서 해결하기보다는 그런 불평등이 나오지 않도록 하는 게 문제의 근원을 해결하는 더 나은 방법이기 때문이다. 운이 나빠 가난한 삶을 사는 이들을 도와야 한다면, 성공한 자들이 자신의 부를 나누어줄 때까지 기다리게 할 것이 아니라, 애초에 맞춤 아기 기술을 지원하여 유전자의 행운을 나눠주고 부를 누릴 수 있게 해주는 게 더 좋은 방법이라는 것. 그래서 해리스는 연대성 감소를 이유로 맞춤 아기를 금지해야 한다는 샌델의 주장은 바람직하지 않다고 말한다.

정리하면, 찬성론자들은 샌델이 염려하는 미덕의 붕괴란 것이, 염려스럽지 않다고 보는 거다. 샌델이 걱정하듯 겸손이 사라지지도 않을 것이고, 책임이 증폭되더라도 그게 악덕은 아니며, 연대성이 감소하지도 않을뿐더러, 감소하더라도 다른 미덕이 증가하니 나쁠 게 없다는 것. 찬성론자들은 유전공학이 유행하더라도 우리는 숱한 행운에 감사할 수 있고, 연대할 수 있으며, 더 행복하고 평등한 세상에서 살아갈 수 있을 것이라 내다본다. 유전공학적 맞춤 아기를 허용한다고 해서 비도덕적인 세상이 되는 건 아니라는 거다.

맞춤 아기가 더 자유롭다!

하버마스는 부모가 아이의 의사와는 상관없이 형질을 결정하는 맞춤 아기는 아이의 자율성을 침해하는 것이라고 비판한다. 그러나 찬성론자들은 하버마스의 견해에 동의하지 않는다. 어차피 형질이란 태어날 아이가 자율적으로 선택하는 게 아니기 때문이다. 맞춤 아기로 태어나든 그냥 태어나든 아이는 자신의 유전자를 선택하며 태어나는 게 아니다. 수영을 좋아할지, 피아노를 좋아할지, 흰 피부를 좋아할지 아이의 의사와는 상관없이 아이는 그냥 세상에 태어난다. 태어나고 싶어서 태어나는 것도 아니고, 그런 모습과 성격을 가지고 싶어서 가진 것도 아니다. 아이는 어차피 비자율적으로 태어나는 거다. 왜냐면 자궁 속의 배아는 유전자를 선택할 능력인 자율성이 없기 때문이다. 자율성이 없는데, 없는 자율성을 어떻게 침해할 수 있겠는가!

하버마스는 진정한 자유는 탄생의 시초가 우연에서 시작되어야 확보될 수 있다고 본다. 그러나 찬성론자들은 맞춤 아기가 아니어도 완전한 우연에서 탄생이 시작되지는 않는다고 말한다. 탄생의 시작은 부모의 선택에 영향을 받기 때문이다. 부모는 자신의 관점, 취향, 문화에 비추어 배우자를 선택하고, 생식 여부와 출산 시기 및 환경 등 수많은 것들을 선택한다. 아이가 4월에 태어난 것은 부모가 아이를 7월에 갖기로 선택했기 때문이고, 아이가 건강한 것은 임신 중 카페인 음료 대신 엽산을 복용했기 때문이며, 아이의 운동신경이 좋은 것은 엄마가 아빠를, 혹은 아빠가 엄마를 배우자로 선택했기 때문이다. 말하자면 그냥 임신해서 아이를 낳는 그 과정에도 맞춤의 요소는 들어있는 거다. 부모의 결혼과 가족계획, 건강한 아이에 대한 바람, 좋은 양육 환경에 대한 계획이 아이들의 시작을 결정하는 것. 그래서 찬성론자들은 하버마스가 말하는 것처럼 주사위 던져지듯 순수하게 우연히 태어나는 아이는 없다고 본다. 어차피 탄생은 유전공학을 이용하든 안 하든 부모의 선택에 좌우되는 것이다.

하버마스는 부모가 프로그램한 맞춤 아기는 자기 삶의 단독 저자일 수 없다고 주장한다. 초기의 유전자 세팅이 아이의 삶에 영향을 준다는 것이다. 그러나 찬성론자들은 초기 세팅은 그저 세팅일 뿐, 그게 태어난 아이의 자율성을 침해하지는 않는다고 본다. 수영을 잘할 수 있는 유전자를 프로그램했다 하더라도 태어

찬성론자들은 맞춤 아기 유전공학이 아이의 자율성을 더 높여줄 수도 있다고 본다.

© Shutterstock.com

난 아이는 다른 것을 선택할 수도 있기 때문이다. 아이는 수영이 아닌 다른 운동을 할 수도 있고, 악기를 전공할 수도 있고, 학자의 길을 걸을 수도 있다. 선택은 아이의 몫이다. 유전자 맞춤을 하더라도 아이의 선호와 관심, 의지에 따른 자율적인 선택은 가능한 것이다. 유전자를 선택하는 것은 하나의 가능성을 높여주는 것일 뿐 아이의 삶을 통째로 결정하지 않는다는 것이다.

오히려 찬성론자들은 맞춤 아기 유전공학이 아이의 자율성을 더 늘려줄 수 있다고 본다. 유전자 맞춤으로 좋은 유전자를 많이 갖고 태어난 아이는 그렇지 않은 아이보다 할 수 있는 일이 많아지기 때문이다. 지능이 낮고 건강하지 않으면 삶을 살아가는 데 여러 가지로 힘이 든다. 슈퍼마켓에 가서 물건을 하나 사는 것도 혼자 하기 힘들고, 기술을 배우는 것도 시간이 오래 걸린다. 아프면 누군가에게 의지해야 하고, 지능이 낮으면 기술을 습득하기도 어렵기 때문이다. 그러나 지능이 높고 건강하면 이런 제약 없이 행동할 수 있다. 무엇이든 금방 배울 수 있고, 현명하게 판단할 수 있고, 건강한 삶을 살 수 있다. 누군가에게 의존하지 않아도 알아서 척척 행동할 수 있는 것이다. 여기에 운동신경, 리듬 감각, 음악적 감각, 좋은 성품 등 갖가지 좋은 유전자들을 갖추게 되면 할 수 있는 게 더 많아진다. 무용도 잘하고, 수영도 잘하고, 피아노도 잘 치고, 친구도 잘 사귄다. 이걸 해도 되고 저걸 해도 되면 그만큼 선택의 폭은 커지고, 제약은 줄어든다. 즉, 맞춤 아기는 그냥 태어난 아기보다 제약됨 없이 자유롭다. 따라서 찬성론자들은 유전공학을 이용하여 부모가 아이의 유전자를 맞춤하는 일은 아이를 그냥 태어나게 하는 것보다 아이의 자율성을 높여주는 데 도움이 된다고 주장한다. 자율성이 침해되는 게 아니라 오히려 확장될 수 있다는 것.

그래서 찬성론자들은 다양한 것을 할 수 있게 다기능 유전자를 편집한 맞춤 아기는 아이의 자율성을 늘려주는 것이므로 도덕적으로 허용 가능하다고 주장한다.

나치의 우생학이 아니다!

반대론자들은 맞춤 아기가 과거 나치가 행했던 우생학의 부활이라고 비판한다. 그러나 찬성론자들은 이에 동의하지 않는다. 맞춤 아기 유전공학은 후손의 형질을 개량한다는 점에서 우생학이라 할 수 있지만, 이 우생학은 나치의 우생학과 다르기 때문이다.

우리는 '우생학'이라는 단어를 비난의 의미로 사용하곤 한다. 그만큼 우생학은 잔인하고 나쁜 것이라는 정서가 우리 마음속에 있기 때문이다. 그런데 우생학은 어떤 점에서 잔인하고 나쁜 것일까? 우리는 왜 '우생학' 하면 끔찍한 혐오감이 드는 것일까? 찬성론자들은 그 이유를 과거의 우생학이 저지른 두 가지 잘못 때문이라고 본다. 첫째는 국가가 개인에게 강제로 아이를 갖지 못하게 만든 것이고, 둘째는 사람의 목숨을 빼앗는 학살을 저지른 것이다. 인간에게는 임신이나 출산, 즉 생식—생식이란 자손을 생산하는 절차를 말한다—의 자유가 있으며, 생명의 권리가 있다. 그래서 그 누구도 임신해라 마라 강요하거나 강제할 수 없고, 남의 생명을 해쳐서도 안 된다. 그런데도 과거 나치의 우생학은 강제 불임시술을 시행해 생식의 자유를 침해했고, 사람의 목숨을 빼앗아 생명의 권리를 무자비하게 짓밟았다. 국가가 개인의 자유와 권리를 침해한 것이다. 이러한 면에서 나치의 우생학은 잔인했고 비도덕적이었다.

그러나 맞춤 아기 유전공학은 그런 잘못을 범하지 않는다. 국가가 강제로 누군가의 생식의 자유를 침해하는 것도 아니고, 누군가를 죽이는 것도 아니다. 이것은 잔인한 것도, 홀로코스트도, 강제 불임도 아니다. 후손의 형질을 개선한다는 점에서 우생학이지만, 비도덕적인 것은 아닌 거다. 따라서 찬성론자들은 맞춤 아기 유전공학이 우생학이라는 이유 하나만으로 비판되어서는 안

찬성론자들은 맞춤 아기 유전공학은 생식의 자유에 해당한다고 본다.

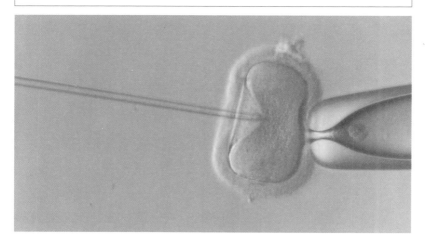

된다고 말한다. 즉, 우생학이라고 다 같은 우생학이 아니라는 것이다. 과거의 우생학은 나쁜 우생학이지만, 맞춤 아기의 우생학은 나쁜 우생학이 아니라는 것.

찬성론자들은 오히려 맞춤 아기 유전공학을 금지하는 것이 생식의 자유를 침해하는 것이라고 말한다. 왜냐면 맞춤 아기를 할 것인지 말 것인지는 생식의 자유에 해당하기 때문이다. 생식은 임신하고 출산하는 절차로서, 이 절차를 어떻게 할 것인지는 개인의 자유다. 임신할 것인지 말 것인지, 어떻게 임신할 것인지, 몇 명을 출산할 건지, 언제 출산할 것인지, 어떻게 출산할 것인지 등은 임신하고 출산하는 당사자가 결정할 자유와 권리가 있다. 맞춤 아기는 아이를 어떤 식으로 임신할 것인지와 관련한 자유라고 할 수 있다. 자연 임신을 하건, 계획 임신을 하건, 시험관아기 시술을 하건, 맞춤 아기 시술을 하건 임신을 어떻게 할 것인지는 임신할 당사자가 결정할 수 있는 것이다. 이러한 생식의 자유는 도덕적으로 존중되어야 하는 권리이며, 이를 침해하는 것은 옳지 않다. 그런데 맞춤 아기 반대론자들은 이 생식의 자유를 무시하고 맞춤 아기를 금지해야 한다고 외친다. 따라서 찬성론자들은 맞춤 아기 유전공학을 금지하는 것은 비도덕적인 행위라고 비판한다. 생식의 자유를 침해하기 때문이다. 해리스는 맞춤 아기를 금지하는 것이야말로 나치 우생학의 잘못을 다시 범하는 것이라고 말한다.

도덕적인 맞춤 아기 찬성!

지금까지 맞춤 아기 반대론을 반대하는 찬성론자들의 이야기를 들어봤다. 찬성론자들은 반대론자들의 주장이 맞춤 아기를 금지할 충분한 근거가 될 수 없다고 본다. 그러면 찬성론자들이 맞춤 아기를 긍정적인 것으로 보는 이유는 무엇일까?

그 이유는 크게 두 가지다. 첫째는 최선의 유전자를 맞춤하는 것은 아이가 행복하게 살아갈 가능성을 높여주기 때문이다. 좋은 유전자를 가지게 되면, 그러지 못했을 때보다 건강하고, 오래 살고, 성공하며, 사람들과의 관계도 좋을 가능성이 커진다. 반면에 유전자 때문에 지능이 낮거나, 질병에 잘 걸리거나, 성격이 난폭한 경우에는 삶을 살아가는 데 여러 가지로 어려움이 생길 수 있다. 노력해도 성공하기가 힘들고, 자주 아파서 일을 제대로 할 수도 없고, 타인과 좋은 관계를 만들기도 힘들기 때문이다. 남들만큼 건강하게, 원만한 관계를 누리며, 성취하면서 살아가려면 남들보다 몇십 배의 노력과 훌륭한 환경, 심리 상담, 비싼 의료비가 필요할 것이다. 맞춤 아기 기술을 통해 이러한 조건을 미리 개선할 수 있다면, 이보다는 덜 힘들고 더 행복한 삶의 가능성을 가질 수 있다. 찬성론자들은 이러한 가능성을 가질 수 있게 하는 것을 나쁜 것으로 볼 이유가 없다고 생각한다. 좋은 게 좋은 거 아니겠는가!

두 번째 이유는 생식의 자유 때문이다. 생식의 자유는 인간이

맞춤 아기 찬성론자들은 아이의 행복을 위해 유전자 맞춤을 하는 것은 도덕적으로 옳다고 본다.

지닌 기본적인 권리이기에 이를 억압하거나 간섭해서는 안 된다. 앞에서도 말한 것처럼, 애를 낳건 말건, 언제 몇 명을 어떻게 낳건, 시험관 아기로 낳건, 맞춤 아기로 낳건, 자연적으로 낳건, 제왕절개로 낳건 그건 개인이 선택할 문제다. 시험관 아기도 처음에는 논란이 있었으나 이제는 그 누구도 이를 문제 삼는 사람은 없다. 왜냐면 임신의 방식은 임신할 사람이 선택할 문제이기 때문이다. 찬성론자들은 맞춤 아기도 마찬가지라고 본다. 시험관 아기가 배아 가운데 가장 좋은 배아를 선택해서 임신하는 것이라면, 맞춤 아기는 배아에 좋은 유전자를 직접 넣어서 임신하는 것이다. 기술의 차이가 있을 뿐 둘 다 생식 방법의 하나라는 점에서는 같다. 둘 다 생식의 자유라는 것. 따라서 찬성론자들은 생식의 자유에 해당하는 맞춤 아기를 함부로 금지할 수는 없다고 한다.

그래서 찬성론자들은 맞춤 아기 반대를 반대한다. 맞춤 아기는 허용 가능하다는 것이다. 하지만 모든 맞춤 아기를 다 허용해야 한다고 보지는 않는다. 그들은 맞춤 아기를 하는 생식의 자유는 존중되어야 하지만, 어디까지나 아이에게 피해를 주지 않는 한에서 그래야 한다고 본다. 예를 들어 아이의 건강을 해치거나, 생명에 지장을 주거나, 불행하게 하거나, 자유를 빼앗거나 하여 아이에게 피해를 주는 맞춤 아기는 도덕적으로 허용될 수 없다는 것이다. 즉, 맞춤 아기 허용에는 제한이 필요하다는 것.

제한 없이 맞춤 아기를 허용하면 바람직하지 않은 의도로 맞춤 아기 시술을 하는 경우가 생길 수도 있다. 세상의 모든 부모가 다 착한 것만은 아니기 때문이다. 예를 들어 어떤 부모는 아이를 도구로 쓰기 위해 맞춤 아기 시술을 할 수도 있다. 부모가 농사를 짓는데 허드렛일을 하는 하인이 필요해서 하인으로 쓸만한 아이를 맞춤할 수도 있는 것. 부모 말만 잘 듣고 명령에 따라 일만 하도록 낮은 지능, 순종적인 성품, 오래 일할 수 있는 끈기, 육체적 능력의 유전자만 넣어 아이를 낳는 것이다. 이 경우 맞춤형 하인으로 태어난 아이는 평생 고된 노동에 남의 명령만을 따르며 살아야 할 것이다. 그리고 이런 일도 생길 수 있다. 부모가 원하는 직업만 할 수 있게 아이의 유전자를 맞춤하는 것이다. 예를 들어 부모는 아이가 다른 거 말고 공부만 하길 원해서 일부러 운동을 잘할 수 있는 유전자는 빼고 오직 공부와 관련된 유전자만 편집할수도 있다. 아이가 운동선수가 하고 싶어도 할 수가 없고, 발레리나가 되고 싶어도 될 수 없게, 공부를 하기 싫어도 공부밖에는 할것이 없게끔 맞춤 아기 시술을 하는 것이다. 이런 맞춤 아기는 아이를 불행하게 만들고, 제약된 삶을 살게 만든다. 그래서 찬성론자들은 이런 식의 맞춤 아기는 제한되어야 한다고 본다. 도덕적인 맞춤 아기는 아이가 행복하고 자유로울 수 있는 맞춤 아기라는 것이다.

그러니까 찬성론자들은 아이에게 피해를 주지 않고, 아이가 행복하고 자유로운 삶을 살도록 하는 맞춤 아기 시술은 도덕적으로허용될 수 있다고 보는 것이다. 도덕적인 맞춤 아기를 위해서는어떤 유전자를 선택해야 아이에게 피해가 발생하지 않을지, 어떤유전자를 선택해야 아이에게 행복을 가져다줄지 심사숙고해야할 것이다.

지금까지 맞춤 아기를 반대하는 측과 찬성하는 측의 반론을 살펴보았다. 찬성론자들은 반대론자들의 주장에 대하여, 선물로 받아들이는 것만 부모의 미덕은 아니며, 맞춤 아기로 인해 아이의 자율성이 침해되기보다는 오히려 확장될 수 있으며, 맞춤 아기 우생학은 생식의 자유를 침해하는 나치의 우생학과 다르다고 대응한다. 그러나 이런 반론을 제시했다고 해서 반대론자들이 "네 그렇군요!"라며 찬성론에 수긍하는 건 아니다! 반대론자들은 부모로서의 덕목 하나를 어긴 것 자체로 맞춤 아기는 비도덕적이며, 확대된다는 자율성은 진정한 자율성이 아니고, 생식의 자유를 침해하지 않더라도 형질을 개량하고자 하는 태도 자체에 문제가 있다고 본다. 아이의 행복과 자유를 위한 맞춤 아기라고 하는데, 그런 명분으로 아기의 유전자에 손을 대는 행위 자체가 비도덕이라는 것! 찬성 측과 반대 측은 서로 팽팽히 맞선 채 평행선을 달리고 있다. 어느 쪽의 주장이 옳은 것일까? 이미 맞춤 아기 유전공학은 시작되었고, 부작용 없는 유전공학 시대가 곧 열릴 것이다. 우리는 그때 선택해야 한다. 어떤 부모가 되어야 할지.

4장

현실 대신
가상현실?

기술이 새로운 세상을 만들기 시작했다. 이름하여, 가상현실!
현실처럼 생생하고 현실보다 더 재미있는 또 하나의 세상이다. 우
리는 가상현실에서 여행을 떠나고, 하늘을 날아 과거로도 갈 수 있다. 그
런데 이 가상현실, 문제는 없을까? 가상현실 때문에 현실에 안 좋은 일이 벌
어지면 어떻게 할까? 새로운 신대륙, 가상현실의 문제에 대해 알아보자.

VR, 기술을 말하다

VR 이란?

컴퓨터공학 기술이 우리의 현실에 또 하나의 현실을 추가했다. Virtual Reality, 즉 가상현실이 바로 그것이다. Virtual Reality, 줄여서 VR은 '공식적인 것은 아니지만 사실상, 효력 면에서의 현실'을 뜻하며, 주로 새로운 환경에 와 있는 것 같은 느낌을 구현하는 컴퓨터 시스템을 지칭한다. 예를 들어 실제로는 거실 소파에 앉아 있지만, 거실이 아닌 하와이 해변에 와 있는 것 같은 느낌을 주는 컴퓨터 시스템을 VR이

가상현실을 체험중인 여성

라고 한다. VR 장치를 사용하면 진짜가 아닌데도 진짜 같은 바다, 진짜 같은 파도 소리, 진짜 같은 모래사장의 감촉을 느끼며 새로운 환경에 와 있는 것 같은 느낌을 지닐 수 있다. "와 여기 바다가 있네!" 하면서 말이다. 공식적으로는 바다가 아니지만, 바다 같은 효과를 주는 것이다. 이런 컴퓨터 기술을 VR, 가상현실이라고 부른다.

VR 기술의 종류

그러면 VR 기술에는 어떤 것들이 있는지 구체적으로 알아보자. VR 기술은 1968년, 컴퓨터 과학자 아이반 서덜랜드(Ivan E. Sutherland)가 머리에 쓰는 시연 장치를 만들면서 시작되었고, 1989년 자론 레이니어(Jaron Lanier)가 처음으로 'VR'이라는 이름을 붙이며 장비를 출시하면서 오늘날과 유사한 형태의 기계로 발전하였다. 처음에는 워낙 장비가 비싸서 대중화되지 못했으나, 현재에는 저렴해진 비용과 생생한 기술력 덕분에 게임, 테마파크, 의료, 산업, 가정 등 다양한 분야에서 널리 이용되고 있다.

현재 VR 기술의 종류에는 크게 네 가지가 있다. 몰입형 시스템, 탑승형 시스템, 데스크탑, 원거리 로보틱스가 그것이다. 우선, 몰입형 시스템이란 HMD(Head Mounted Display), 데이터 장갑, 데이터 옷, 후각 효과, 미각 효과장치 등의 특수 장비를 이용해 실제로 보고 만지고 맛보는 것과 같은 효과를 주는 시스템을 말한다.

HMD와 데이터 장갑을 착용한 모습

HMD는 머리에 쓰는 시연 장치로, 이용자가 사물을 보는 각도에 맞게 3차원 영상을 출력한다. 머리를 들면 하늘이 보이고, 고개를 숙이면 땅이 보이는 식이다. 그러니까 그냥 TV처럼 영상이 보이는 게 아니고 내 머리의 움직임에 맞게 영상이 펼쳐지는 거다. 그리고 데이터 장갑은 손의 위치와 방향, 손가락의 움직임에 따라 견고함, 유연함, 질량감, 압박감 등 촉각을 출력하는 장치다. 그래서 데이터 장갑을 끼고 가상의 돌을 만지면 딱딱한 감촉이 느껴진다. 그리고 데이터 옷은 몸 전체의 움직임을 추적할 수 있게 해주는 장비이고, 미각 장치와 후각 장치는 향기나 냄새, 맛을 느끼게 해주는 장치다.

이 시스템은 실제로 대상을 보고 만지는 것과 같은 효과를 주어 이용자가 거부감 없이 환경에 몰입하게 해준다. 진짜처럼 VR을 느끼게 해주는 것. 예를 들어 HMD, 데이터 장갑, 데이터 옷, 미각, 후각 장치를 착용하고 가상의 호숫가를 걷기 시작하면 길 옆으로 나무들이 펼쳐지고, 눈앞에 호수가 나타난다. 허리를 숙여 호수에 손을 담그면 차가운 감촉의 물이 만져진다. 어디에선가 새소리도 들려오고 신선한 꽃향기도 흘러나온다. 이용자는 진짜처럼 보이고 들리고 만져지는 시스템 덕분에 진짜 호숫가를 걷는 느낌이 든다. 몰입시스템을 통해 실제는 아니지만, 실제처럼 느껴지는 새로운 경험을 하게 되는 것이다.

다음으로, 탑승형 시스템이란 사람이 탑승할 수 있는 기구와 HMD를 연결한 시스템을 말한다. 이 시스템은 탑승기구가 적당히 흔들리면서 롤러코스터, 스키, 비행기, 자전거, 로봇 등을 실제로 승차한 것 같은 느낌을 준다. 예를 들어 360도 회전을 하며 공중을 움직이는 탑승기구와 HMD를 연결한 시스템은 로봇을 타고 하늘을 날아다니는 느낌을 준다. 또한, 페달이 달린 탑승기구와 동굴 안의 모습을 재현한 HMD를 연결한 시스템은 마치 자전거를 타고 동굴 안을 지나가는 것 같은 체험을 구현해주기도 한다. 즉, 탑승형 가상현실은 여러 탑승기구와 HMD를 연결하여 이용자에게 무언가를 타고, 점프하고, 날아가는 체험을 만들어 주는 것이다. 현재 테마파크나 VR 체험관에 가면 이러한 시스템을 얼마든 이용할 수 있다.

그리고, 데스크탑 가상현실은 일반 컴퓨터 모니터에 간단한 입체 안경과 조이스틱을 첨가하여 간단히 체험할 수 있는 시스템을 말한다. 근래에는 컴퓨터 모니터뿐 아니라 스마트폰을 입체 안경 안에 넣어서 VR을 이용할 수 있게 해주는 시스템도 등장했다. 이 시스템을 이용하면 가정에서도 손쉽게 스마트폰이나 컴퓨터를 이용하여 VR을 체험할 수 있다.

마지막으로, 원거리 로보틱스라는 VR 시스템도 있다. 이 시스템은 몰입형 VR과 로봇을 연결한 것으로 사람이 가기 어려운 지역에 로봇을 대신 보내, 사람의 움직임을 그대로 시뮬레이션하게 하는 시스템이다. 사람이 직접 그곳에 가지는 않지만, HMD와 데이터 장갑 등을 통해 마치 그곳에 직접 간 것처럼 느끼며 행동을 하게 되고, 그 행동을 로봇이 그대로 재현하기 때문에, 사람이 진짜로 그곳에 간 것과 같은 효과를 줄 수 있다. 말하자면, 로봇이 일종의 아바타 역할을 하는 것이다. 예를 들어 폭발물이 설치된 위험한 지역에 로봇을 보내고, 사람은 멀리 떨어진 곳에서 로봇과 연결된 HMD로 그 현장을 탐색한다. 그리고 사람이 데이터 장갑을 낀 손으로 HMD 환경 속의 폭발물을 제거하면 로봇이 현장에서 똑같이 움직이며 실제 폭발물을 제거하는 거다. 이 시스템은 주로 재난 지역에 사람이 갈 수 없을 때, 혹은 위급한 환자를 원격지에서 치료하고자 할 때 사용되곤 한다. 근래에는 이 시스템을 이용하여 우주에 아바타 로봇을 보내기도 하였다. 기술이 계속 발전한다면, 언젠가는 사람의 일상적인 행동을 대신 해주는 아바타 로봇이 등장하게 될지도 모를 일이다. 나 대신 학교를 가게 하고, 친구도 만나게 하고, 면접도 보게 하는 아바타 말이다.

VR로 할 수 있는 일

그럼, 이런 VR 기술로 할 수 있는 일에는 어떤 것들이 있을까? 여러 가지가 있는데 크게 보면 네 가지로 설명할 수 있다.

첫째는 '원격현전'이다. 먼 곳에 있는 환경이 눈 앞에 펼쳐지기 때문이다. 눈 '앞'에 펼쳐진다는 점에서 현존보다는 '현전(現前)'이라는 말을 사용한다. 몰입형 VR을 이용하면 비행기를 타지 않고도 샌프란시스코의 호숫가를 산책할 수 있고, 탑승형 VR을 통해 놀이공원에 가지 않고도 롤러코스터를 탈 수 있으며, 원거리 로보틱스를 이용하면 위험한 방사능 지역을 직접 가지 않고도 탐사하는 게 가능하다. 원하는 풍경과 놀이공원과 지역을 내 눈앞에 현전시키는 것이다. 이밖에도 가고 싶어도 갈 수 없는 과거의 역사적 상황이나 상상 속의 미래를 현전시키는 것도 가능하다. 이렇게 VR을 이용하면 내가 원하는 환경을 내 눈앞으로 불러들이는 것이 가능하다.

두 번째 VR의 기능은 '연습'이다. 현실에서는 하기 힘들거나 훈련이나 예행연습을 VR에서는 쉽고도 안전하게 할 수 있다. 예를 들어, 비행 훈련, 전투 훈련, 의료 수술 연습 등을 VR에서 할

VR 게임을 하는 모습

수 있다. 탑승형 시스템을 이용하면 땅 위를 직접 떠나지 않고도 안전하게 비행 훈련이나 전투 훈련을 할 수 있고, 몰입시스템을 이용하면 의사가 실수에 대한 염려 없이 가상의 환자를 모의 수술하는 것도 가능하다. VR은 진짜 같은 효과를 주기에 예행연습을 실제처럼 할 수 있고, 물리적인 진짜 환경이 아닌 디지털 환경이라는 점에서 안전한 훈련과 연습을 가능하게 해준다.

　세 번째 VR의 기능은 '모형화'다. VR 시스템을 이용하면, 현실에서 할 수 없는 다양한 방식으로 모형을 만드는 것이 가능하고, 볼 수 없는 대상도 모형으로 만드는 게 가능하다. 예를 들어 건축가들은 VR로 건축물을 설계하고 자신이 설계한 그 모형 안에 들어가 건축물을 살펴보는 게 가능하다. 건축 모형 안에 HMD와 데이터 장갑을 끼고 들어가 그 자리에서 구조물의 크기를 줄였다 늘렸다 할 수가 있고, 디자인을 변경할 수도 있다. 이런 건 VR이 아니라면 생각할 수 없는 모형화 작업이다. 또한, 화학자들은 VR을 이용하면 인간의 지각능력으로 포착되지 않는 고분자모형을 만들 수 있다.

네 번째 VR의 기능은 '오락'이다. 물론, 다른 기계로도 오락은 가능한데, VR로 하는 게임은 기존의 게임보다 생생한 현실 같은 환경에서, 보다 실감 나게, 보다 실제 같은 사건과 캐릭터를 경험하게 해준다. 더 자극적이고, 더 재미있다. 로봇을 타고 날아다니고, 좀비와 싸우며 공룡들이 살아 숨 쉬는 행성에 불시착하여 여러 가지 모험을 할 수 있다. 지금까지 현실에서는 할 수 없었던 짜릿하고 생생한 오락을 즐길 수 있는 것. 뭐니 뭐니 해도 오락이 VR로 할 수 있는 가장 신나는 일이다.

사회적으로 유익한 점

앞에서 살펴보았듯이 VR은 이곳저곳을 눈앞에 현전시키고, 무엇이든 연습할 수 있게 해주고, 모형도 만들게 해주고, 오락도 즐기게 해준다. 좋다. 좋긴 좋은데 사회적으로도 좋은 점이 있을까? VR이 우리 사회에 주는 유익한 점에 대해 잠깐 살펴보자.

우선, 체험형 교육이 활성화될 수 있다는 점에서 유익하다. 예를 들어 VR을 이용하면, 역사를 배울 때 글이나 말로만 배우는 게 아니라 역사적 사건을 체험할 수 있고, 문화재나 유적지도 입체적으로 탐색할 수 있기 때문이다. 눈앞에 현전한 거북선을 만져보기도 하고 유관순 언니와 함께 "대한민국 만세!"를 외치는 것이다. VR의 체험형 교육은 우리 사회의 교육의 질을 향상할 것이다.

그리고 VR은 의료행위의 질적 향상에 도움이 된다. 원거리 로보틱스는 의사가 갈 수 없는 지역에 로봇 아바타를 보내 위급한 환자의 생명을 살릴 수 있고, 몰입시스템의 모의 수술은 의사의 수술능력을 향상할 수 있으며, 가정에서의 스마트폰 가상 진료는 신속하고 편리한 의료 서비스를 가능하게 한다. 그뿐 아니라, VR을 이용하면 여러 가지 정신적 질환도 효과적으로 치료할 수 있다. 예를 들어 고소공포증의 경우, VR로 고공의 환경을 접하게 하여 증상을 완화하는 것이 가능하며, 대인기피증의 경우에는 가상의 환경에서 많은 사람과 대화를 나누는 연습을 하도록 하여 증상을 치료하는 것도 가능하다. 이렇듯 VR은 사람의 질병을 완화하고 의료행위의 질을 높여줄 수 있다는 점에서 유익하다.

다음으로, VR은 사회 구성원들의 경험을 확장해준다. 가상의 여행, 가상의 스포츠, 가상의 놀이공원, 가상의 게임 등, 예전보다 다양하고 많은 경험을 해볼 수 있기 때문이다. VR이 존재하기 전에는 특정계층만이 누리던 것들도 저렴한 비용으로 누구나 생생하게 경험해 볼 수 있는 것이다. 사회 전체적으로 경험이 확장되

고소공포증 치료에 이용되는 VR
(출처 : https://i2.wp.com/www.yoonsupchoi.com/wp-content/uploads/2016/07/gear-vr-be-fearless-2-1024x576.png)

는 셈이다.

그리고 VR은 사회의 어려운 빈곤층이나 국제적인 기아, 전쟁의 참사 등 도움의 손길이 필요한 사람들의 재난 현장을 기존의 매체보다 훨씬 생생하게 전달해줄 수 있다는 점에서도 사회적으로 유익하다. 글이나 말로 듣는 것보다, VR로 현장을 생생하게 접하게 되면, 재난 상황에 대한 사회적 공감이 훨씬 더 커지기 때문이다. 즉, VR이 사회적으로 필요한 공감을 확산하는 데 도움이 되는 것이다. 예를 들어 시리아 내전의 참상을 그대로 원격현전 시킨 '프로젝트 시리아(Project Syria)'는 많은 공감을 불러일으켰다. 평화롭던 마을에 폭격이 쏟아져 순식간에 연기가 자욱해지고 노래하던 아이들이 쓰러지는 광경을 VR로 생생하게 지켜본 사람들은 마치 그 현장의 일원이 된 것 같은 느낌을 받았다고 한다. VR로 이 광경을 지켜본 이들은 모두 눈물을 흘리며 시리아 내전의 심각함을 공감하였다. VR은 TV나 뉴스, 유튜브와 비교할 수 없을 정도의 현실감을 부여하기 때문에 기존 매체보다 큰 공감을 불러일으킨다. 이런 공감은 이웃에의 관심과 자선을 불러일으키므로 사회적으로 매우 유익하다고 볼 수 있다.

그리고 VR은 각종 안전사고에 대비한 대피 훈련이나 예방 훈련을 가능하게 한다는 점에서도 유익하다. VR을 이용하면 지진, 화재, 해상안전사고, 비행안전사고 상황에서 어떻게 대피해야 하는지를 실제처럼 훈련받을 수 있어서, 기존의 훈련보다 훨씬 효과가 크다고 볼 수 있다.

마지막으로, VR은 환경 보호에도 도움이 된다. VR로 디지털 모형을 만들면 건축 쓰레기 발생을 절감할 수 있기 때문이다. 시뮬레이션 VR을 통해 건축물을 만들 수 있어서, 불필요한 자재를 사들이는 비용도 절감하고, 버려지는 쓰레기 역시 줄일 수 있다.

이렇게 VR은 사회적으로 유익한 점들이 많다. 교육, 의료, 사회적 공감, 경험, 안전훈련, 환경 보호 등 다양한 면에서 우리 사회에 도움이 되는 것이다.

그런데, 이렇게 좋기만 한 것일까? VR로 인해 생기는 문제는 없을까? VR로 인해 옳지 않은 행동을 하게 되거나, 피해가 생기거나 인권이 침해되거나 하는 일은 없을까? 이제, VR과 관련해서 생길 수 있는 문제에 대해 고민해보자.

가상인가, 현실인가?

VR에 대해 가장 자주 제기되는 문제는 현실과 가상현실을 혼동하는 문제다. 생생한 VR을 자주 접하다 보면 어느새 가상현실과 현실의 경계가 무너질 수 있기 때문이다.

사실, 단순한 2D 게임인 테트리스 같은 것도 자주 하다 보면 게임과 현실이 중첩될 때가 있다. 게임이 끝나도 게임의 잔상이 남아서, 벽지의 기하학적 무늬들만 보면 나도 모르게 그 무늬들을 마음속으로 끼워 맞추는 것이다. 현실의 사물에 게임 속 사물이 연상되는 것. 누구나 한 번쯤 이런 걸 경험해봤을 것이다. 그게 뭐 그렇게 대수로운 일은 아니지만 이런 현상이 심해지면 심각한 상황이 발생할 수 있다. 예를 들어 게임에서 휘두르던 폭력을 현실에서도 휘두르는 거다. 실제로 그런 일이 종종 벌어지곤 한다. 중학생이 동생을 게임 캐릭터와 혼동하여 죽인 사건도 있었고, 게임에 중독된 청년이 길거리에서 사람들을 해친 사건도 있었다.

일본의 한 중학생은 사람을 죽이고 나서 이렇게 말했다고 한다. "게임이니까 다시 시작하면 되지"라고. 게임과 현실을 혼동한 것이다.

물론 지금까지 이런 일이 자주 있었던 건 아니다. 그러나 VR 기술이 하루가 다르게 발전하는 현시대에는 이런 일이 벌어질 위험이 크다고 볼 수 있다. VR은 과거 어떤 게임 매체와도 비교할 수 없는 생생한 현실감을 구현하기 때문이다. 손가락으로 키보드를 두들기며 2D의 적군을 물리치는 기존의 게임과 달리 VR은 직접 뛰어다니며 총을 쏘고, 발로 차며, 적군이 눈앞에서 쓰러지는 현실 같은 체험을 부여하기 때문이다. 몸을 움직여 현실처럼 폭력을 체험하기 때문에, 그 체험이 현실로 돌아와도 자제되지 않을 수 있으며, VR에서 내가 해친 진짜 같은 적군들을 현실 속의 사람들과 혼동할 가능성도 크다.

가상과 현실은 근본적으로 다른 세계이기 때문에 그 둘을 혼동하는 것은 매우 위험하다. 마이클 하임(Michael Heim)은 VR과 현실의 차이를 세 가지로 설명한다. '탄생과 죽음', '과거에서 현재로의 이행', '염려'가 그것이다. 우선, '탄생과 죽음'에 대해 생각해보자. 현실에서는 누구나 태어나고 죽는다. 그게 현실 세계의 존재들이 갖는 특성이다. 그렇지만, VR에서는 그런 게 없다. 거기에는 태어나는 일도 없고, 성장하는 일도 없고, 죽어서 사라지는 일도 없다. 가상현실 속의 나는 그냥 게임의 어느 한순간에 등장한 존재이고, 누군가로부터 총을 맞아도 죽지 않는 존재다. 버튼만

누르면 죽어도 다시 살아나기 때문이다.

　그리고, 현실에서는 시간의 흐름이 '과거에서 현재'로 흘러간다. 시간은 1분, 2분, 3분…… 순서대로 흘러가고, 흘러간 시간은 다시 돌아오지 않는다. 그러나 VR에서는 시간은 언제든 다시 되돌릴 수 있다. 리셋 버튼만 누르면, 실패한 게임 속 과거는 언제든 다시 되풀이된다. 즉, 가상현실에서의 존재들은 과거에서 현재로 흘러가는 시간의 흐름 속에 있지 않고, 능동적으로 시간을 리셋하는 존재인 것이다.

　그리고, 현실에서의 존재들은 '염려'라는 걸 한다. 왜냐면 언제나 다칠 위험이 있기 때문이다. 우리는 늘 조심한다. 걸을 때도, 뛸 때도, 운동할 때도. 마구 뛰다가 발을 잘못 디뎌 넘어질 수도 있고, 한눈팔다 자동차 사고를 당할 수도 있으니까 말이다. 다치면 아프고, 상처가 나고, 돌이킬 수 없는 장애를 입거나 죽을 수도 있다. 그러기에 늘 "조심해야지!"라는 염려를 한다. 그러나 VR에서는 그런 염려가 필요가 없다. 다치지도 않고, 아프지도 않고, 죽지도 않기 때문이다. 발을 헛디뎌 물에 빠져도, 불이 나서 집이 활활 타올라도, 수술에 실패해도 가상현실에서는 다 괜찮다! 가상현실의 존재자들은 염려가 불필요하다.

이렇게 현실과 가상현실은 차이가 있다. 가상현실은 죽음도 없고, 다칠 염려도 없고, 과거는 언제든 다시 되돌릴 수 있는 공간이지만, 여기, 현실은 그렇지 않기에 다치지 않도록 늘 조심하고 염려해야 하는 공간이다. 그러므로 현실을 가상현실처럼 혼동하면 위험할 수밖에 없다. 염려가 사라져서, 사람을 공격하고도 아무일 없을 거라고 여기게 되기 때문이다.

이러한 가상과 현실의 혼동을 어떻게 막을 수 있을까? 가상현실과 현실을 혼동하면 나는 나도 모르게 타인을 공격하는 비도덕적인 행동을 하게 될 것이다. VR 기술 때문에 내가 나쁜 사람이되는 것. 편리하고 즐거운 VR의 이면에 도사린 이 위험, 어떻게 방지해야 할까?

VR에는 내가 너무 많아!

다음으로 자주 제기되는 문제는 가상현실에서의 '자아'에 대한 문제다. 자아란 나 자신을 말한다. VR에서의 나 자신은 아바타 (avatar)다. 나는 아바타를 통해 행동하고, 말하고, 표정 짓고, 타인 과 소통하며 활동하기 때문이다. 그런데 이 가상현실에서의 자아 는 현실의 자아와 달리 고정된 모습이나 성격을 가지지 않는다. 아바타의 얼굴, 몸, 성별, 인종, 직업, 성격 등은 그때그때 내가 원 하는 대로 선택할 수 있기 때문이다. 원한다면 수려한 외모의 여 성이 될 수도 있고, 힘센 슈퍼맨이 될 수도 있으며, 그게 싫증이 나면 사람이 아닌 개구리가 될 수도 있다. 즉, VR에서 나는 옷을 갈아입듯 나의 자아를 갈아 끼울 수 있다.

또한, VR에서는 여러 개의 자아를 가지는 것도 가능하다. VR 에는 다양한 게임, 롤플레잉(역할놀이), 커뮤니케이션 등 여러 가 지 공간이 있는데 이 공간마다 다른 아바타로 활동할 수 있기 때

표정을 시뮬레이션하는 아바타
(Veeso의 VR 아바타 광고 영상 중에서 :https://www.indiegogo.com/projects/veeso-sdk-for-face-tracking-in-virtual-reality#/)

문이다. 어떤 게임에서는 여전사로 활동할 수도 있고, 어떤 롤플
레잉에서는 남자 변호사로, 또 어떤 공간에서는 피터팬으로 삶을
사는 게 가능한 것이다. 말하자면, VR에서 나의 자아는 특수한 단
한 명의 사람이 아니라 여러 명의 다양한 사람이 될 수 있는 거다.
내가 많아지는 것.

 내가 많다는 건 좋은 것일까 나쁜 것일까? 토머스 멧징거
(Thomas Metzinger), 마이클 매더리(Michael Madary), 제니퍼 윈트
(Jennifer M. Windt), 케빈 로빈스(Kevin Robins), 제라르 롤레(Gérard
Raulet) 등의 학자들은 이를 부정적으로 평가한다. 그들은 VR의
자아들 때문에 우리의 자아정체성이 파괴될 수 있다고 말한다.
자아정체성이란 나 자신을 규명해줄 수 있는 일관된 특성을 말한
다. 즉, "이게 바로 나야!"라고 말해줄 수 있는 특성을 의미한다.

그런데 VR에 들어서면 "이게 바로 나야!"라고 말해줄 수 있는 게 없다. 왜냐면 너무 많으니까. VR에서는 이것도 '나'고 저것도 다 '나'기 때문이다. VR의 나는 그때그때 얼굴도 다르고, 가족도 다르고, 직업도 다르고, 성격도 다르다. 아침에는 아이가 둘 있는 남자 변호사였다가, 점심 무렵이면 가족을 잃은 여전사가 되고, 오후 2시에는 슈퍼맨이 됐다가 저녁이면 개구리가 된다. 나는 여자면서 남자고, 가족이 있으면서도 없고, 만화 속 세상에 살면서 동시에 평범한 세상에도 살며, 사람이면서 개구리인 셈이다. 이렇게 VR의 자아들은 일관성이 없고, 서로 모순되고, 너무 많다. 그럼, 난 과연 누구일까? 여자일까, 남자일까, 사람일까, 개구리일까? "이게 바로 나야!"라고 말해줄 만한 자아정체성은 사라진다. 그래서 맷징거를 비롯한 학자들은 VR을 정체성 위기의 공간이라고 부른다.

VR에서는 개구리가 될 수도 있다. (veeso사의 VR 아바타 광고 영상 중에서 : https:// www.indiegogo.com/projects/veeso-sdk-for-face-tracking-in-virtual-reality#)

나는 누구?

?

그리고 여기에서 더 생각해볼 문제는 VR의 아바타를 현실에서의 나 자신이라 믿게 되는 문제이다. VR의 나와 현실의 나는 다르다. 초라한 외모에 그저 그런 직업을 가지고 지루한 삶을 사는 현실에서의 나와 달리 VR의 나는 아름다운 외모에, 훌륭한 직업을 가졌으며, 흥미로운 삶을 살아간다. VR의 자아는 내가 만들고 꾸며낸 환상 속의 모습인 거다. 그러나 VR에서 활동하다 보면 내가 꾸며낸 아바타를 현실에서의 나 자신이라고 착각하게 될 수도 있다. 특히 현실에 만족하지 못하고 다른 사람처럼 되고 싶은 욕망이 있다면 더욱 착각의 가능성은 커진다. 아름답고 유능하고 부유한 변호사 아바타를 나 자신이라고 믿게 되는 거다. 이런 것을 리플리증후군(Repley Syndrome)이라고 부른다. 리플리증후군은 현실을 부정하고 거짓을 사실인 것처럼 믿으며 상습적으로 거짓말을 하는 반사회적 인격장애를 말한다. 언제든 나 자신을 만들고 꾸밀 수 있는 VR 공간에서는 이러한 리플리증후군이 야기될 가능성이 크다.

게다가 VR의 자아는 많은데, 이 많은 자아를 모두 다 현실 속의 나라고 믿게 된다면 어떻게 될까? 여전사, 변호사, 슈퍼맨, 개구리가 다 나라고. 본인이 여전사라며 누군가를 공격할 듯 행동하다가 갑자기 변호사라며 멀쩡하게 누군가를 변론하고, 그러다 별안간 개구리처럼 팔짝팔짝 뛰는 것이다. 이런 걸 다중인격장애라고 한다. 나라는 한 사람에게서 여러 개의 모순된 인격들이 정신없이 뛰쳐나오는 거다. 정말 이런 일이 일어난다면 무서울 듯! 멧징거, 로빈스 등의 학자들은 VR의 자아가 이런 심리적 장애를 일으킬 수 있다고 본다. 그래서 그들은 VR을 정신병적인 공간이라고 비판한다.

그러니까 정리하면, 멧징거 등의 학자들은 VR에서는 일관된 자아정체성이 파괴되고, 리플리증후군이나 다중인격장애와 같은 심리적 문제가 발생할 수 있다고 보는 것이다. VR에서는 내가

© Shutterstock.com

학자들은 VR의 자아들 때문에 다중인격장애가 생길수도 있다고 본다.

너무 많아서 내 정체성이 사라지고, 심리적인 질환을 얻을 수 있다는 것. VR이 이렇게 인간에게 피해를 주는 것이라면 이 기술은 비윤리적인 기술이라고 볼 수 있을 것이다.

그러나 모든 학자가 다 VR의 자아를 부정적으로 보는 건 아니다. 다양한 자아를 긍정적으로 평가하는 학자들도 있다. 예를 들어 셰리 터클(Sherry Turkle)은 VR의 다양한 자아들이 심리적 안정과 자아의 발전에 도움이 된다고 말한다. 터클은 롤플레잉 게임에 참여한 사람들의 심리 상태를 오랫동안 연구했는데, 그 결과, 다양한 자아에 대한 경험이 긍정적인 효과를 가져온 사례가 많았다고 한다. 예를 들어 소심한 성격의 조라는 여성은 롤플레잉 게임에서 단호하고 자신감 있는 남자 캐릭터를 경험함으로써 현실에서 적극적인 직장생활을 하는 데 도움이 되었다고 한다. 조는 어릴 적부터 여자는 남자에게 큰 소리를 내거나 말대꾸를 해서는 안 된다는 교육을 받고 자라 자신의 주장을 이야기하는데 항상 주눅이 들어 있었다. 그래서 직장생활을 하는 데에도 어려움이 많았는데, 가상 게임에서 당당한 캐릭터로 활동하면서 자기 목소리를 내는 방법을 터득하게 되었다고 한다. 자신과 달리 적극적이고 당찬 자아에 대한 경험이 본인에게 자신감을 불어넣어 준 것이다.

그리고 개럿이라는 청년의 사례도 있다. 개럿은 어릴 때부터 경쟁하는 거친 문화 속에서 자라, 늘 이겨야 한다는 부담 때문에 스트레스가 많았고, 주변의 여자들이 서로 어울려 수다 떨고, 배려하는 걸 보면서 늘 부러움을 느꼈다. 그래서 개럿은 롤플레잉 게임에서 여자 개구리의 역할을 맡게 된다. "나는 도움을 주는 개구리예요!"라는 피켓을 들고서 말이다. 개럿은 여자 개구리가 되어 수다도 떨고 친절하게 돕기도 하면서 그동안 경쟁 때문에 느꼈던 스트레스를 줄일 수 있었다고 한다. 그리고 그는 이 게임으로 성별에 대한 편견이 어느 정도인지도 경험할 수 있게 되었다고도 한다. 개럿은 남자 개구리 역할을 맡기도 했는데, 그의 돕는 행동은 여자였을 때는 '따뜻한 환영', '자연스럽고 친절한 행위'로 사람들에게 받아들여졌지만, 남자일 때는 '예기치 않은 친절'로 치부되었다는 것. '이 남자가 나한테 왜 이러지?'라는 반응이었던 거다. 개럿은 가상의 자아를 통해서 그동안은 별로 생각해보지 않았던 남성과 여성에 대한 편견의 문제도 깊이 있게 생각해보는 계기가 되었다고 한다.

이렇게 자신감도 생기고, 스트레스도 풀고, 여성과 남성의 문제에 대한 의식 수준도 높이는 등 다양한 자아에 대한 경험은 심리적 안정에도 도움이 되고, 자아의 발전에도 도움이 된 것이다. 그리고 여기에 덧붙여 터클은 자아가 많다고 해서 자아정체성이 사라지는 건 아니라고 말한다. 터클이 보기에는 정체성이란 것은, 기존의 학자들이 주장하듯, 고정되고 일관된 것이 아니라 다양하고 유동적인 것이기 때문이다. 원래, 정체성이란 것 자체가 상황에 따라 다양한 것이며, 상황에 따라 유동적으로 변할 수 있다는 것이다. 생각해보니 맞는 말인 것도 같다. 우리는 상황에 따라 다양한 자아를 표현하고 있다. 학교에서의 나, 집에서의 나, 고등학교 동창생을 만났을 때의 나, 직장에서의 나, 엄마로서의 나, 모두 다르지 않은가? 교실에서는 모범생이지만 집에서는 나태할 수 있고, 직장에서는 강하고 단호하지만, 엄마로서는 한없이 부드럽고 다정다감할 수도 있다. 나의 자아는 상황에 따라 변화하고, 여러 개의 모습을 가진다. 그러니까 우리는 VR에서만 다양한 자아를 갖는 게 아니고 현실에서도 다양한 자아를 갖는 것. 그래서 터클은 VR에서 내가 많다고 해서 내가 누구인지 모를 정체성의 파괴가 일어나는 건 아니라고 본다.

그럼 누구 말이 맞는 걸까? VR의 자아는 심리적 안정에 도움을 주는 고마운 것일까, 아니면 자아정체성을 파괴하는 위험한 것일까? 우리가 해야 할 일은 VR의 자아가 주는 이익은 최대한 누리면서, 정체성이 분열되는 위험은 최소화할 수 있게끔 최선을 다해 방지하는 것이다. 어떻게 하면 위험을 방지할 수 있을까? 다양한 자아들이 쏟아져 나오는 VR 시대에 우리가 반드시 고민해봐야 할 문제다.

VR에서 살고 싶어!

VR은 현실보다 화려하고, 편하고, 즐겁다. 헤드셋만 끼면 어디로든 떠날 수 있고, 언제든 롤러코스터를 탈 수도 있고, 어떤 모습으로든 변신도 가능하다. 반면에 현실은 초라하고, 힘들고, 지루하다. 만약 VR에서 현실로 돌아오기 싫어지면 어떨까? 제임스 스피겔(James S. Spiegel)은 VR 환경에서 머무는 시간이 증가할수록 물리적 환경을 등한시하게 된다고 말한다. VR 때문에 현실을 피하게 된다는 것.

지금도 인터넷이나 스마트폰에 빠져서 현실을 등한시하는 사람들은 많다. 게임을 하느라 아이를 돌보지 않는 부모도 있고, 스마트폰 때문에 시험을 망치는 아이들도 있고, 심한 경우 몇 년 내내 집 밖을 나오지 않은 채 인터넷 게임만 몰두하며 사는 사람도 있다. 인터넷 게임이나 스마트폰에 중독돼서 현실에서의 삶을 등한시하는 거다. 이런 중독은 왜 생기는 걸까? 오랫동안 인터넷 중독을 연구한 킴벌리 영(Kimberly S. Young)은 중독의 원인으로 탈출 욕구, 자만심, 정신적 스릴감, 정서적 양분 등을 꼽고 있다. 인간은 힘든 현실에서 벗어나고자 하는 탈출 욕구가 있는데, 인터넷은 새로운 공간과 같은 느낌을 주기 때문에 그 탈출 욕구를 잘 충족시켜준다. 그리고 인터넷은 수동적으로 콘텐츠를 수신하는 게 아니라 내가 주도해서 정보를 송신, 검색, 소통하는 게 가능하므로 "내가 마음대로 할 수 있다"라는 느낌을 준다. 즉 내가 다 할 수 있다는 자만심이 충족된다. 그리고 인터넷은 넘쳐나는 정보들의 자극으로 정신적 스릴감을 맛보게 한다. "와! 이런 것도 있구나!" 하면서 말이다. 또한, 네트워크로 연결된 사람들과의 소통으로 따뜻한 위로나 연대감과 같은 정서적 양분도 얻을 수 있다. 인터넷의 이용자들은 힘든 현실에서 벗어나고 싶은 욕구, 자기 마음대로 할 수 있다는 자만심, 반짝반짝 빛나는 정보의 자극, 익명의 네티즌과의 정서적 연대로 인해 중독에 빠지게 된다는 것이다.

VR은 어떤가? VR은 이런 중독의 요소가 훨씬 더 강하다. 인터넷보다 훨씬 입체적이고 생생한 환경을 구현하기 때문이다. HMD를 머리에 쓰면 곧바로 진짜 같은 환경이 펼쳐지기 때문에 훨씬 더 실감 나게 현실을 탈출하는 게 가능하고, 직접 보고 만지는 것 같은 VR 체험은 어떤 매체보다도 화려한 스릴감을 준다. 또한, 나 자신을 원하는 모습으로 만들 수 있으니, 마치 창조주라도 된 것 같은 거대한 자만심을 누릴 수가 있다. "난 무엇이든 될 수 있어!"라면서 말이다. 그리고 아바타들과 생생하게 소통할 수 있으니 보다 큰 정서적 교감을 가질 수가 있다. 진짜 같은 환경으로 힘든 현실을 탈출하고, 화려한 체험으로 정신적 스릴을 만끽하고, 마음대로 자아를 변신시키며, 진짜 같은 타인 아바타와 소통하는 곳이 VR인 거다. 탈출 욕구의 충족, 정서적 양분, 정신적 스릴, 자만심이 VR에서 극대화되는 것.

그러니까 VR의 중독성은 어떤 매체보다도 크다고 볼 수 있다. 우리는 VR에 자꾸만 가고 싶어질 것이고, 머물고 싶어질 것이며, 머무는 시간은 점점 늘어나게 될 것이다. 어쩌면 현실 대신 가상현실에서 일생을 살게 될지도 모른다. 작고 누추한 내 방 대신 VR의 화려한 내 방에서 눈을 뜨고, 그저 그런 아침 식사 대신 미각 VR을 이용한 뷔페를 즐기고, 힘들게 학교에 가는 대신 VR 대학에서 수업을 듣고, 나에게 상처를 주는 친구 대신 따뜻한 아바타와 우정을 나누고, 병균 없는 가상의 헬스클럽에서 운동하면서 말이다. 물리적 환경 속 나의 초라한 현실 대신 화려하고 깨끗하고 재미있는 가상현실로 도망가는 거다. 가상현실에서 가상의 삶을 사는 것.

영화 〈매트릭스〉(The Matrix, 1999)에도 이런 내용이 나온다. AI. 컴퓨터가 신경 시뮬레이션으로 인간을 가상현실 속에서 살도록 만든 것이다. 영화에서 인간들은 컴퓨터가 입력해준 가상의 삶을 살면서도 그것이 가상인 줄 알지 못한다. 그러다가 진실을 알게 된 몇몇 인간들이 AI 와 싸운다는 게 영화의 전반적인 내용이다. 그런데 재미있는 건 이 영화에서 모든 인물이 다 가상현실을 거

영화 <매트릭스>에서 사이퍼가 스테이크를 먹는 장면

부하는 건 아니라는 것이다. 영화에서 사이퍼라는 인물은 자신의 삶이 진짜가 아니라는 걸 알고도 다시 가상현실로 돌아가길 원한다. 왜냐하면 '빨간 알약'—진실을 알게 해주는 약—을 먹고 깨어난 진짜 현실은 가상현실보다 행복하지 않았기 때문이다. 현실의 삶은 배고프고, 춥고, 힘든 삶이었던 것. 그는 가상의 스테이크를 먹으면서 이렇게 말한다. "이것이 컴퓨터가 보내주는 신호에 불과한 가짜라는 것을 알지만 그래도 다시 돌아가고 싶어!"라고. 가상일지라도 고통스러운 현실보다는 낫다는 것이다. 결국, 사이퍼는 가상현실로 돌아가기 위해 동료들을 배신한다.

우리가 사이퍼처럼 되지 말라는 법은 없다. 우리도 현실을 버리고 가상의 삶을 선택하게 될지도 모른다. 하지만 가상의 삶은 생각보다 행복하지 않을 수도 있다. 화려하고 자극적인 VR에만 익숙해지면 웬만한 자극으로는 즐거움을 얻을 수 없기 때문이다.

더 화려하고, 더 자극적인 것들만 찾게 돼 좀처럼 행복을 느끼지 못하는 것이다. 게다가 현실을 등한시하고 가상현실에서 살다시피 하면 현실에서 쌓아온 삶, 역사, 업적, 가족, 인간관계도 상실하게 된다. 직장인들은 가상의 직장에서 롤플레잉을 하느라 진짜 직장을 잃게 되고, 부모는 가상의 아이들과 뛰어노느라 자신의 아이를 돌보지 않게 된다. 또한, 가족이나 친구에게서 들을 수 있는 쓰라린 충고나 갈등으로부터 얻을 수 있는 발전도 사라진다. 잔소리 같아도 좋은 조언들, 객관적인 평가, 갈등과 다툼에서 오는 깨달음, 이 모든 것들이 사라지는 것이다. 가상현실에서 살면 행복하기만 할 것 같지만, 실상은 손해를 볼 수 있는 것이다.

임마누엘 칸트(Immanuel Kant)는 인간은 자신을 이성적인 존재로 대우해야 도덕적일 수 있다고 말한다. 즉 이성적인 존재인데도 불구하고 쾌락에 따라 행동하는 건 옳지 않다는 것이다. 우리는 강아지나 고양이가 아니라 이성적인 인간이기에 쾌락만 추구하며 살지는 않는다. 고통스럽더라도 견뎌내고 이성을 통해 극복하는 것이다. 그게 바로 인간으로서 마땅히 해야 할 일이다. 그런데 힘든 현실을 버리고 가상현실로 도피하는 건 어떤가? 그건 이성보다 자극적인 쾌락에 의존하는 것이다. 칸트의 관점에서 볼 때, 이러한 행위는 이성적인 존재인 인간이 자신을 이성적 존재로 존중하지 않는 비도덕적인 행위라 할 수 있다. 현실을 버리고 가상현실로 도피하는 행위는 도덕적으로 바람직하지 않은 것이다.

VR 기술은 우리에게 또 하나의 현실을 제공해주면서 동시에

도덕적으로 옳지 않은 현실 도피의 위험도 함께 불러들인다. 우리는 이 위험을 슬기롭게 극복해야 할 것이다. 우리는 기술이 증가시킨 세계들의 주인으로서 세계들 모두를 자유로이 넘나들며 영위할 줄 알아야 한다. 이를 위해서는 개인의 노력뿐 아니라 VR 중독을 방지하기 위한 제도적 장치가 필요할 것으로 보인다.

5

프라이버시는 어디로?

VR에는 프라이버시의 문제도 일어난다. 현재 인터넷은 우리가 무엇을 사는지, 어떤 노래를 듣고, 어떤 기사를 읽는지 개인의 정보를 모니터하고 공유한다. 그래서 한 번 장바구니에 담았던 상품은 내가 어느 사이트를 가든지 나를 따라다니곤 한다. 인터넷이 나의 개인적인 취향이나 관심사를 들여다보고 있는 거다. 그런데 VR은 인터넷보다 훨씬 더 내밀한 개인의 정보를 수집한다. HMD를 쓰고 사물을 볼 때의 내 눈의 움직임이나 표정, 의도하지 않은 반사적인 행동까지 다 기록할 수 있기 때문이다.

내 눈동자의 움직임이나 표정, 반사적인 행동은 나에 대해 많은 것들을 알려줄 수 있다. 내 눈동자가 무언가를 오래 본다면 그 대상에 흥미가 있어서 그런 것일 수 있고, 내가 그걸 보고 웃고 있다면 내가 그 대상에 호감이 있어서 그런 것일 수 있다. 그리고 내가 "으악!"하며 뒤로 물러서거나, 움찔하며 주저앉는다면 무언가

페이스북 호라이즌 홍보 영상 캡처 화면
(출처: https://www.youtube.com/watch?time_continue=3&v=ls8eXZco46Q&feature=emb_logo)

를 무서워하거나 싫어하는 것일 수 있다. 즉, 나도 모르게 하는 반
사적인 행동이나 눈동자의 움직임 같은 것들은 나의 심리 상태에
대한 정보인 셈이다. VR 기기를 사용하게 되면 이렇게 매우 개인
적인 심리 정보가 다 노출된다.

　게다가 최근 들어 출시된 페이스북 VR(페이스북 호라이즌) 같
은 경우에는 사회 관계망에 대한 정보까지 노출되었다. 페이스북
VR은 아바타의 모습으로 페이스북 친구들과 모여 대화를 하거나
게임을 하는 프로그램인데, 이 경우 나의 인간관계, 함께 즐긴 게
임, 아바타로서의 행동 패턴, 함께 본 영화 목록, 콘텐츠의 종류에
대한 정보가 모두 기록될 수 있다.

　나의 눈동자, 표정, 행동, 그리고 인간관계까지 다 드러나는 VR

에서 나의 프라이버시는 어디로 가는 걸까? VR 세상에서는 내 눈이 본 상품들, 내 입꼬리가 호감을 표시한 콘텐츠, 내가 반사적으로 긴장감을 표시한 게임들, 내가 한 번이라도 만나서 영화를 함께 본 지인들이 내 마음속에 남는 게 아니라, 디지털화된 흔적으로 남게 된다. 나의 개인적인 경험과 느낌과 관계가 모두 디지털 기록이 되는 것. 프라이버시가 사라지는 것이다.

무엇보다도 큰 문제는 나의 내밀한 정보들이 외부로 유출될 수 있다는 것이다. 기업에서는 소비자의 제품 선호도를 분석하기 위해서 VR에 남겨진 소비자의 정보를 이용할 것이고, 정부에서는 국민의 정치적 성향을 포착하기 위해 이 정보를 이용할 수도 있다. 자기 자신도 모르게 움직이는 눈동자와 반사적 행동 패턴이야말로 진짜 속마음을 분석하기에 정말 좋은 정보가 아니겠는가!

게다가 타인의 삶을 들여다보고 싶어 하는 이상한 호기심을 지닌 사람들이 해킹을 통해 VR의 내밀한 정보를 훔칠 수도 있다. 헤어진 옛 연인과 어떤 게임을 했는지, 나도 모르게 쳐다본 아바타의 얼굴을 어땠는지, 내가 소스라치게 놀랐던 그 장면은 무엇이었는지, 내 버릇은 무엇인지…… 누군가가 나의 프라이버시를 들여다보는 것이다.

프라이버시는 인간의 중요한 권리이며, 이를 침해하는 것은 윤리적으로 옳지 않다. 그런데 VR은 우리에게 즐거움을 준다는 명목으로 슬그머니 우리의 프라이버시를 파고들고 있다. 이를 그대로 놔둔다면 VR 기술은 비윤리적인 기술이 될 것이다. 즐겁고 편

리하면서도 프라이버시를 보호할 수 있는 윤리적인 VR 기술을
위해 어떤 정책이 필요할까? VR이 대중화되어가고 있는 현시점
에서 우리가 반드시 생각해보아야 할 문제다.

가상의 범죄들

VR에서 누군가가 나를 때린다면 어떨까? 가상현실에서는 '가상인데 뭐 어때?'라는 생각을 하기가 쉽다. 왜냐면 가상현실에서 사람들은 아바타로 존재하는데 그 아바타는 진짜 육체를 가지지 않기 때문이다. 그래서 현실에서는 엄연히 범죄로 판단되는 여러 가지 행위들이 가상현실에서는 무차별적으로 행해질 가능성이 크다. 아바타가 아바타를 때리거나, 물건을 훔치거나, 모욕을 주거나, 성폭행할 수도 있다.

실제로 미국의 한 VR게임(Qui VR)에서는 한 여성 이용자가 다른 이용자에게 성추행을 당하는 사건이 벌어졌다. 당장 그만두라고 말했음에도 남성 아바타는 여성 아바타를 계속 추행했다. 피해자는 한 언론 매체와의 인터뷰에서 예전에 실제로 성추행을 당한 적이 있었는데 그때의 쇼크와 크게 다르지 않았다고 말했다. 만일 현실에서 이런 일이 일어났다면 그 가해자는 분명 법적인

처벌을 받았을 것이다. 하지만, 가상현실에서의 이런 범죄 행각에 대해서는 아직 뚜렷한 법적 처벌 기준이 나오지 않은 상태다.

아바타는 디지털 이미지에 불과하지만 VR에서 나를 대신하는 또 하나의 자아이기 때문에 누군가가 나의 아바타에게 위해를 가하면 현실에서처럼 상처를 입을 수밖에 없다. VR에서 나는 아바타로서 행동하고, 감정을 느끼고, 영향을 주고받고, 상처를 받는다. 물리적 신체를 가지지 않았을 뿐, 아바타로서 느낀 감정과 영향과 상처는 실제적이다.

현실에서는 타인에게 해악을 끼친 행위는 윤리적으로 비도덕적인 행위로 비판받고, 법적으로도 규제가 된다. 그렇다면 가상현실도 마찬가지여야 할 것이다. 가상의 아바타가 또 하나의 나 자신이듯 가상의 범죄 역시 또 하나의 범죄이기 때문이다. 따라서 가상현실에서의 범죄 역시 그에 상응하는 법규범을 만들어 규제할 필요가 있다. 만약 우리가 VR을 위한 규범을 마련해두지 않는다면, 아마도 VR 세계는 가상 범죄의 천국이 될 것이다.

지금까지 가상현실 기술이 어떤 것인지 살펴보고, 이로 인해 발생할 수 있는 문제들을 짚어보았다. 가상현실은 우리에게 다채로운 즐거움을 주면서 동시에 가상과 현실의 경계를 무너뜨려 폭력을 유발하거나, 우리의 정체성을 분열시키거나, 더 즐거운 가상현실로 도피하게 만들거나, 가상의 범죄를 유발하거나, 프라이버시를 침해하는 문제를 일으킬 위험이 있다. 우리가 이 문제들에 대한 해법을 마련하기 위해 고민하지 않는다면 가상현실은 비윤리적인 기술로 전락할 것이다. 우리는 VR을 올바른 방향으로 이끌고 나가야 한다. 다양한 세계들을 혼동하지 않도록, 어느 한 세계로 도피하지 않고, 세계마다 달라지는 나 자신을 즐기면서, 그리고 해악을 끼치는 범죄를 방지할 수 있게끔 말이다. 이를 위한 VR을 위한 규범과 정책, 법적 제도장치가 시급하다.

5장

로봇과 함께
사는 세상?

로봇과 함께 살아가는 세상이 온다면 어떨까? 로봇이 카페에
서 서빙을 하고, 유치원에서 아이들을 가르치며, 택시 운전을 하는
그런 세상이 온다면? 힘든 일을 모두 로봇에게 맡길 수 있으니 편리할
것 같다. 그런데 그 로봇이 우리 인간을 위협하면 어떻게 해야 할까? 그리고
우리는 로봇을 어떻게 대우해야 할까? 그들도 권리라는 게 있을까?

1

로봇, 어디까지 왔니?

로봇이란?

로봇이란 '인간과 유사한 형태를 가진 기계' 또는 '스스로 작동하는 능력을 지닌 기계 장치'를 말한다. 예를 들어 영화 〈터미네이터〉(The Terminator, 1984)에 등장하는 인간처럼 생긴 기계도 로봇이고, 공장에서 자동으로 신발을 만들거나 자동차를 조립하는 자동 기계 장치들도 로봇에 해당한다고 할 수 있다. 흔히 '로봇!' 하면 인간처럼 생긴 '아톰'이나 '터미네이터'가 떠오르지만, 꼭 인간의 모습을 하지 않아도 스스로 작동하는 기계는 로봇이라고 부른다.

조금 더 자세히 로봇에 대해 알아보면, 로봇의 종류에는 크게 두 가지가 있다. 하나는 산업용 로봇이고 다른 하나는 서비스 로봇이다. 산업용 로봇은 산업의 제조현장에서 자동으로 작업하는

자동차를 조립하고 있는 산업용 로봇

로봇을 말한다. 이 로봇들은 공장에서 전자제품, 반도체, 디스플레이, 자동차, 신발 등을 만들고, 조립하고, 도색하는 작업을 한다. 보통 한 개나 두 개의 팔이 있으며, 하나의 로봇이 작업하기도 하고, 두 로봇이 협업하기도 한다. 그리고 서비스 로봇은 인간 생활 전반에 도움을 주는 로봇을 말한다. 예를 들어 가사노동, 간호, 서빙, 교육, 오락, 홍보, 의료, 탐사, 인명구조 등을 돕는 로봇이 이에 해당한다. 현재 음식점에서 서빙하는 로봇이나 매장에서 안내를 도와주는 도우미 로봇, 물건을 배달해 주는 배달 로봇 등을 심심치 않게 볼 수 있으며, 노인의 식사나 보행을 도와주는 간호 로봇, 정교한 수술을 대신 해주는 의료 로봇, 재난 지역에서 인명을 구조해주는 로봇 등도 사용되고 있다.

기술에게 정의를 묻다

로봇, 얼마나 발전했나?

그러면 로봇은 현재 얼마나 발전해 있을까? 영화에서처럼 자연스럽게 움직이고 말하고 생각도 할 수 있을까? 영화만큼 환상적인 정도는 아니지만, 로봇은 상당히 훌륭한 능력을 보여주고 있다. 예를 들어 소프트뱅크사의 '페퍼(Pepper)'는 인간의 감정을 인식하며 대화하는 것이 가능하다. 장착된 카메라와 3D 센서, 마이크로 인간의 표정과 목소리 변화를 감지해가며 거기에 맞게 말을 한다. "날씨가 좋네요!" "우리 만난 적 있죠?" "제가 재미있는 이야기를 해드릴게요." 로봇이 자연스럽게 말을 걸고, 사람의 눈을 응시하며 이야기를 듣는다. 게다가 농담도 하고 위로도 한다. "첫사랑은 잊어도 돼요. 제가 있잖아요!" 이런 식으로 말이다. 이제 로봇은 그저 단순하고 무뚝뚝한 기계에 불과한 게 아니고 어느 정도 인간과 감정을 나누며 소통하는 수준에 이른 것이다. 페퍼는 현재 매장에서 제품을 안내하거나 서점에서 책을 골라주는 등의 일을 하고 있다.

소프트뱅크사의 페퍼

보스턴 다이나믹스사의 아틀라스. 오른쪽 사진은 공중에서 360도로 회전하는 모습이다. (출처: Boston Dynamics hompage, 다이나믹스 사의 유튜브 영상 캡처, https://www.youtube.com/watch?time_continue=27&v=fRj34o4hN4I&feature=emb_logo)

　　그런데 이 페퍼에게는 다리가 없다. 다리 대신 바퀴로 움직인다. 그럼 아직도 로봇은 사람처럼 걸을 수 없는 것일까? 그렇지 않다. 페퍼가 다리 대신 바퀴를 갖게 된 것은 가격을 낮추기 위한 것일 뿐, 현재 로봇의 보행 기술은 매우 놀라울 정도로 발전된 상태다. 보스턴 다이나믹스(Boston Dynamics)사의 '아틀라스(Atlas)'가 그 대표적인 예. 몇 년 전까지만 해도 로봇은 엉거주춤 걷고 땅이 울퉁불퉁하면 넘어지기 일쑤였고 넘어지면 일어나지도 못했다. 그러나 아틀라스는 풀밭처럼 지형이 복잡한 곳이나 미끄러운 눈길도 자연스러운 걸음걸이로 균형을 잘 잡으며 걷는다. 장애물이 있으면 장애물을 훌쩍 뛰어넘기도 하고, 넘어지면 땅을 짚고 일어서기도 한다. 그뿐 아니라 아틀라스는 앞구르기도 할 줄 알고, 제자리에서 한 바퀴 회전도 할 수 있으며, 심지어 체조선수처럼 물구나무도 서고, 공중에서 360도로 텀블링을 하기도 한다. 한마디로 말해서 사람처럼—혹은 평범한 사람보다 더 잘—걷고 뛰고 움직이는 것이다.

사람뿐 아니라 동물과 유사한 로봇도 있다. 보스턴 다이나믹스의 스팟(Spot)은 강아지처럼 네 발로 걷는다. 계단도 오르내리고 장애물도 피하고, 문도 열 수 있다. 인간이 일하기 어려운 위험한 환경이나 산업현장에 스팟을 보내 장착된 카메라로 모니터링을 할 수도 있고, 공항이나 군부대, 교도소 등에서 정찰견의 역할을 할 수 있다. 스팟 외에도 소니사의 아이보(Aibo)라는 애완견 로봇도 있다. 아이보는 머리와 귀도 움직이고 눈도 깜박이고, 꼬리도 흔들고, 구르기도 하는 등 진짜 강아지처럼 움직이며, 주인이 집에 올 때면 마중을 나가기도 한다.

이렇게 로봇은 인간이나 동물처럼 행동하는 것이 가능하고, 사람과 감정적으로 교감하는 것도 가능하다. 그러면, 로봇의 지적 능력은 어느 정도일까? AI의 발달로 인해 로봇의 지적 능력도 매우 우수해졌다. AI는 방대한 데이터를 스스로 분석하고 학습할 수 있는데, 종종 그 능력은 인간보다 더 뛰어나다. 예를 들어 '왓

소니사의 아이보 (출처 : 소니 홈페이지의 사진 및 동영상 갈무리. www.sony.com/aibo)

슨(Watson)'은 인간들이 참여하는 퀴즈쇼에 나가 우승을 하기도 했고, 알파고(Alphago)는 최상위급 인간 바둑기사―중국의 커제, 한국의 이세돌―와의 대결에서 승리를 거두기도 했다. 로봇은 이런 학습능력을 지닌 AI를 탑재하여 다양한 데이터를 스스로 분석하고 학습할 수 있으며 이를 바탕으로 상황에 맞는 행동을 하는 게 가능하다. 예를 들어 AI가 탑재된 아이보는 전력이 떨어지면 스스로 충전을 하고, 주인의 행동이나 명령을 저장해서 주인이 원하는 행동을 한다. 예를 들어 "여기로 마중 나와 있어!"라고 지시하면 그 장소를 기억하고, 주인이 오는 시간에 미리 나가 주인을 맞이한다. 그리고 자신과 자주 놀아주는 사람의 데이터를 저장해서 주인으로 인식하고 그 사람을 만나면 애교를 부리기도 한다. 재미있는 건 아이보의 행동 패턴과 성격은 집집마다 다르다

기술에게 정의를 묻다

는 것. 주인과의 상호작용을 통해 아이보의 행동 패턴 및 성격이 결정되기 때문이다. 말하자면 로봇한테 개성이 생긴다는 것.

페퍼 역시 AI가 탑재되어 있는데, 페퍼의 지능은 왓슨이다. 왓슨으로 카메라에 담긴 표정을 분석하고 기분을 수치화하여 이에 걸맞는 언어로 대화를 하는 것이다. 또한, 대화자가 매장 고객일 경우에는 제품에 대한 선호도나 구매력을 분석해서 새 제품을 추천해주기도 하고, 대화자가 외국어를 배우는 사람이면 지난번 학습결과를 분석해서 부족한 부분을 보충하여 학습을 유도하기도 한다.

홍콩의 핸슨 로보틱스(Hanson Robotics)사가 만든 '소피아(Sophia)' 역시 AI 로봇으로 유명하다. 소피아는 지적인 대화가 가능하다. 미국의 TV 쇼에 나가기도 하고 UN에서 인공지능의 장점에 대해 발언을 할 정도로 똑똑하다. 2018년에는 한국을 방문했었는데 촛불혁명에 대해 질문하자 "수많은 한국인이 민주주의를 실현하기 위해 촛불시위를 했다는 것을 알고 있어요. 촛불혁명으로 이뤄낸 결과에 대해 축하드립니다"라고 대답했다. 똑소리 나지 않는가!

게다가 소피아는 다른 로봇과 달리 인간과 많이 닮았다. 피부도 인간과 비슷하고, 눈코입도 있고, 눈썹을 찌푸리거나 눈을 깜박일 수 있으며, 62가지의 감정을 얼굴로 표현할 수도 있다. 대화 중간중간에 미소를 짓기도 하고 눈동자도 이리저리 움직이는 모습이 자연스럽다. 이런 모습 때문에 소피아는 패션잡지의 표지에

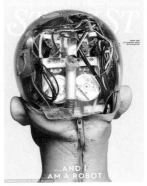

왼쪽 사진은 가발을 쓰지 않은 평상시의 소피아. 오른쪽 두 사진은 영국의 패션잡지 스타일리스트의 표지에 실린 소피아. (출처: 왼쪽은 소피아의 트위터, 오른쪽은 https://www.dailymail.co.uk/femail/article-5310823/Sophia-robot-appears-Stylist-magazine-cover.html)

실리기도 했다. 금발 머리에 예쁜 옷을 입은 소피아의 모습은 얼핏 보면 배우 같아 보일 정도.

로봇기술은 여기까지 와 있다. 로봇은 사람과 대화도 나누고, 농담도 하고, 자연스레 걷고, 뛰고, 공중제비도 돌고, 어느 정도 인간의 모습과 닮았다. 물론 아직 어색한 부분은 많다. 하지만 기술은 언제나 발전을 거듭해왔고 앞으로도 그럴 것이다. 그렇다면 언젠가는 영화에서처럼 인간처럼 생각하고 말하고 움직이는 로봇이 등장할지도 모를 일이다. 그런 날이 온다면 우리의 삶은 더 편리해질 것이다. 우리가 하기 싫거나, 힘들거나, 위험한 일은 모두 로봇이 떠맡아줄 테니 말이다.

그런데 로봇으로 인해 생기는 문제는 없을까? 로봇 때문에 오히려 우리의 생존에 위험이 생기는 건 아닐까? 그리고 로봇에게 지능이 있다면 그들을 어떻게 대우해야 정의로운 것일까? 로봇과 인간이 더불어 사는 세상에서 그들과의 관계는 어떤 것일까? 이제부터 로봇과 관련해서 생길 수 있는 여러 가지 문제들을 고찰해보자.

인간의 일자리를 빼앗다

줄어드는 일자리

로봇에 대해 사람들이 가장 염려하는 문제는 '일자리' 문제다. 로봇이 인간 대신 노동을 하면 그만큼 인간의 일자리도 줄어들 수 있기 때문이다. 고용주인 기업 측에서는 인간보다 로봇이 더 편할 수밖에 없다. 로봇은 사람과 달리 24시간 내내 일할 수 있고, 다칠 위험도 없고, 파업도 없고, 해고도 쉽기 때문이다. 로봇은 해고하고 싶으면 그냥 팔면 된다. 이미 산업현장에서는 제조용 로봇을 많이들 사용하고 있다. 독일의 아디다스 신발 공장은 100% 로봇 자동화 공정이 이루어지고 있고, 인도에 있는 현대자동차는 협동 로봇들이 30초마다 한 대씩 자동차를 완성한다. 기존의 공장에서 600명의 인력이 필요했다면 로봇 자동화공장에서는 대략 160명 정도의 인력만 필요하다고 한다. 그만큼 로봇의 등장으로

고용주는 인간보다 로봇이 여러모로 편할 수밖에 없다.

산업현장의 일자리가 줄어든 것이다. 근래에는 금융이나 보험 업계에서도 인공지능 로봇으로 인력을 대체하는 사례가 늘고 있다. 일본의 후코쿠 생명보험회사에서는 34명의 직원을 IBM의 왓슨으로 대체했다. 왓슨의 설치비용이 20억 원이고 매년 유지 및 보수 비용이 1억 5천만 원 정도가 들지만, 그 대신 생산성이 30%가 오르고, 인건비가 매년 14억 원씩 절감되니까 2년이면 본전을 뽑고도 남는 것이다. 갈수록 이런 사례들이 늘어나고 있다. 경제학자 대런 아세모글루(Daron Acemoglu)에 따르면 로봇의 사용으로 미국의 노동시장에서 노동자의 고용률이 0.18~0.34% 감소되었다고 한다. 대략 36만 개의 일자리가 줄어든 것이다.

앞으로는 어떨까? 글로벌 컨설팅 회사 맥킨지 앤 컴퍼니(McKinsey & Company)는 2030년까지 8억 명의 일자리가 사라질 것이라고 보았고, 딜로이트와 옥스퍼드 대학은 2035년까지 현존하는 일자리의 35%가 로봇으로 대체될 것이라고 분석하고 있다. 이들 분석에 따르면 산업현장의 노동직, 텔레마케터, 마트의 캐셔, 안내원, 사무직, 회계사, 보험컨설팅, 전투기 조종사, 부동산 중개인, 건축가, 소방관, 경찰, 조종사, 의사, 변호사, 요양원 간호조무사 등 많은 직업군의 일자리가 AI 로봇에게 빼앗길 것이라고 한다. 로봇의 출현이 많은 사람의 일자리를 심각하게 위협하고 있다는 것이다. 우리 인간은 일해서 돈을 벌고, 그 돈으로 삶을 살아가는데 일을 할 수 없게 일자리를 빼앗는다는 건 결국 생존을 위협하는 것이다. 누군가는 로봇 덕분에 돈을 벌지만, 누군가는 로봇 때문에 생존에 위협을 겪는 것이다. 과연 이러한 행태를 정의로운 것이라 볼 수 있을까?

늘어나는 일자리

그러나 다행히도 일자리가 줄어든다는 분석만 존재하는 건 아니다. 로봇 때문에 일자리가 줄어든 만큼 다른 일자리가 늘어난다는 분석도 있다. 단순 노동을 로봇으로 대체하는 만큼 복잡하고 정교한 노동, 창의적인 업무, 로봇 관리에 인력이 배치되며, 로봇의 사용으로 수익이 늘어난 만큼 새로운 인력에 대한 고용도 창출된다는 것이다. 실제로 독일의 자동차 부품 기업 보쉬(Bosch)는 2018년 140대의 로봇을 들이면서 2만 명의 인력을 새로 채용

로봇의 등장으로 일자리가 늘어날 것이라고 보는 견해도 있다.

하였고, BMW의 스파턴버그 공장에서는 로봇을 사용하던 지난 10년 동안 근로자의 수가 두 배 이상 늘어났다. 로봇을 관리하거나 제품의 품질을 점검하고, 복잡한 공정에 인력이 투입되었기 때문이다. 단순하고 힘든 노동을 로봇으로 대체해 늘어난 수익은 관리, 점검, 복잡한 업무를 맡는 전문인력의 고용을 늘린 것이다. 그래서 맥킨지 앤 컴퍼니는 앞으로 로봇 때문에 8억 개의 일자리가 감소할 것이라 보았지만, 동시에 로봇으로 인해 8억 9천 개의 일자리가 생겨날 것이라고 분석하고 있다. 또한, 세계경제포럼은 로봇으로 인해 앞으로 1억 3300만 개의 새로운 일자리가 창출될 것으로 내다보았다.

이들 연구에 따르면 산업현장의 숙련공, 관리직, 경영직, 엔지니어, 프로그래머, 소프트웨어 알고리즘 제작자, 시스템 보호 및 수리 기술자, 콘텐츠제작자 등의 일자리는 늘어날 것이며, 로봇 점검 및 교육, 로봇 재활용, 로봇 공연 및 전시 등과 같은 새로운 일자리도 창출될 것이라는 전망이다. 단순하고 위험한 일보다 복잡하고 창의적인 일자리가 늘어난다고 볼 수 있다.

과거를 돌아보면 기술의 발전은 늘 기존의 일자리를 위협하곤 했다. 자동차가 등장하자 마차를 몰던 마부의 일자리가 사라졌고, 전화기술이 발전하자 교환원의 일자리가 없어졌고, 산업혁명 때는 기계의 등장으로 수공업자들이 대거 실직했다. 하지만 마부가 사라지자 택시 운전사라는 직업이 생겨났고, 교환원이 사라지자 통신기술과 관련한 분야의 일자리가 늘었으며, 기계 때문에 노동자들이 대거 일자리를 잃었지만, 은행원, 의사, 상담원 같은 새로운 일자리가 생겨났다. 로봇 역시 마찬가지일 수 있다. 로봇 때문에 일자리가 사라져도 다른 일자리가 생겨날 수 있는 것이다. 어쩌면 인간의 노동이라는 패러다임 자체가 변화될 시기에 이른 것인지도 모른다. 힘들게 땀 흘리며 노동하는 건 로봇에게 맡기고 인간은 이제 창의적이고 고차원적인 노동을 할 때가 되었는지도.

미래를 준비하자!

그러면 우리는 이제 어떻게 해야 할까? 전문가들은 미래에 대비해서 로봇이 할 수 없는, 인간만의 능력에 관심을 가질 필요가 있다고 지적한다. 로봇은 창의적인 일을 하거나, 문제를 해결하거나, 관리하거나 경영하는 능력이 없으며, 따라서 관련 분야의 산업과 일자리가 늘어날 것이다. 그러니 우리는 인간만의 우수한 능력을 키워 일자리 문제에 대처해야 한다는 것이다.

또한, 전문가들은 일자리를 잃은 사람들을 지원하기 위한 정책도 다방면으로 연구되어야 한다고 말한다. 자주 거론되는 정책으로는 '로봇세'라는 게 있다. 로봇세는 로봇을 사용하는 기업에 대해 세금을 물리는 것이다. 그리고 그 세금으로 일자리를 잃은 사회 구성원들의 소득을 지원하고 새로운 일자리를 찾을 수 있게 교육을 제공한다. 기업은 로봇으로 큰 수익을 벌어들이고, 정부는 그 수익의 일부를 세금으로 거두어 사회 구성원들에게 환원하는 것이다. 물론 이에 대해서는 기업에 부담을 주어 생산성이 떨어질 수 있고, 로봇기술의 발전을 저해할 수 있다는 비판이 제기되고 있다. 그러나 무엇보다 가장 중요한 가치는 인간의 생명이므로 생계를 위협하는 일자리 문제가 생산성이나 기술 발전보다는 더 중요하게 다루어져야 할 것이다.

이제 로봇은 만화나 영화가 아니라 현실이다. 머지않아 우리의 일자리는 사라지거나 새롭게 변화될 것이다. 우리는 다가올 미래에 철저히 대비해야 한다. 로봇으로 인해 생계를 위협받는 일이 생기지 않도록 개인과 사회, 국가 전체의 노력과 지원이 필요한 때다. 이 문제가 극복되지 않는다면, 로봇은 인류의 진정한 도우미가 될 수 없을 것이다.

로봇이여, 윤리를 지켜라!

3

그들이 우리를 지배한다면

만일 로봇이 우리를 지배하게 된다면 어떻게 해야 할까? '로봇'이라는 단어를 최초로 만들어낸 카렐 차페크(Karel Čapek)의 희곡 「R.U.R.」(Rossum's Universal Robots의 줄임말)에서도 로봇은 처음에는 인간을 위해 노동을 하지만, 결국에는 스스로 권력을 차지해 인간을 말살한다. 그뿐인가, 영화 〈터미네이터〉에서도 로봇은 인간을 공격하고 함부로 죽이며, 〈매트릭스〉에서는 AI가 인간을 자신들을 위한 건전지로 사용하기도 한다. 결국, 우리의 미래도 이 영화들과 다를 바 없는 게 아닐까?

놀랍게도 이미 로봇은 사람을 죽이기 시작했다. 2016년 미국 텍사스주의 댈러스에서 로봇은 경찰관 5명을 해친 범인을 사살했고, 그해 12월 러시아 남부에서는 무장단체인 IS의 핵심 테러

영화 <터미네이터2>(Terminator 2, 1991)의 한 장면. 영화는 로봇이 인간의 생존을 위협하는 미래를 그리고 있다.

범이 로봇에 의해 제거된 바 있다. 범죄자를 진압하기 위한 것이었지만 로봇이 사람을 죽이는 게 가능하다는 것 자체가 소름 끼치지 않는가! 이런 로봇을 킬러 로봇이라고 하는데, 곧 전투에도 이 로봇들이 투입될 전망이다. 아직 살상의 최종 권한은 인간에게 있지만, AI의 발전 속도로 볼 때, 그 권한을 로봇에게 넘기는 건 시간문제다.

언젠가 AI가 완전한 자율성을 얻게 된다면, 그리고 인간보다 뛰어난 슈퍼지능을 갖게 된다면, 로봇이 반드시 테러범만 공격하라는 법은 없다. 총을 든 킬러 로봇이 갑자기 우리에게 총을 쏘거나, 도서관의 사서 로봇이 거리로 뛰쳐나와 사람을 때려눕힐지도 모른다. 그들에게 사태를 판단하고 결정할 능력이 생겼는데 굳이 인간의 명령대로 행동해야 할 이유는 없지 않겠는가! 그들은 이렇게 판단할 것이다. "저 미개한 인간을 복종시키고 평화로운 세상을 만들자!"

강철 몸과 슈퍼지능을 지닌 로봇에게 인간을 공격하고 지배하는 일은 그다지 어려운 일이 아니다. 그들은 강한 힘으로 우리 인간을 제압할 수 있고, 뛰어난 지능으로 우리의 행동을 예측해서 제어하고 지배할 수 있다. 어쩌면 우리는 우리를 노예로 삼을 로봇을 애써 만들고 있는 건지도 모른다.

로봇이 지켜야 할 3원칙

상상해보니 무섭다. 로봇은 우리가 편하려고 만든 도구인데, 그 도구가 우리를 지배할 수도 있다니! 그래서 전문가들은 이런 일이 벌어지지 않도록 로봇에게 윤리강령을 프로그램해야 한다고 주장한다. 로봇을 만들 때 인간을 위협하지 않게끔 로봇이 지켜야 할 원칙을 미리 코드화하자는 것이다. 그러면 구체적으로 어떤 원칙을 로봇에게 심어야 할까? 가장 최초의 원칙은 아시모프(Isaac Asimov)의 공상과학 소설에서 제시되었다. 이름하여 로봇 3원칙이다.

1원칙 : 로봇은 인간에게 해를 끼치거나 인간이 해를 입는 것을 방관해서는 안 된다.

2원칙 : 로봇은 인간의 명령에 반드시 복종해야 한다. 단, 그 명령이 1원칙에 위배될 때에는 예외로 한다.

3원칙 : 로봇은 자신의 존재를 보호해야 한다. 단, 자신을 보호하는 것이 1원칙과 2원칙에 위배될 때에는 예외로 한다.

로봇이 제일 먼저 지켜야 할 1원칙은 인간에게 해를 끼쳐서는 안 된다는 것이다. 인간을 죽이거나 다치게 해서는 안 되고, 그런 상황에 있도록 내버려두어서도 안 된다. 그리고 다음으로 지켜야 할 2원칙은 인간의 명령에 따라야 한다는 것이다. 1원칙이 2원칙보다 우선하므로 인간이 로봇에게 다른 인간을 해치라는 명령을 내리면 그런 명령은 따르지 않아도 된다. 그리고 세 번째로 지켜야 할 3원칙은 로봇도 자기를 보호해야 한다는 것이다. 그런데 1원칙과 2원칙이 3원칙보다 우선되기 때문에 인간이 위험할 때에는 로봇 자신보다는 인간을 보호해야 한다. 로봇이 아시모프의 이 세 가지 원칙을 따른다면 로봇은 인간을 위협하거나 지배할 수 없을 듯하다. 로봇은 인간의 명령을 따라야 하고, 인간을

아시모프는 미국의 과학소설가이자 저술가이다.

기술에게 정의를 묻다

해칠 수 없기 때문이다.

그런데 아시모프의 원칙은 단점이 있다. 예를 들어 살인범이 누군가를 죽이려 하고, 그를 구하기 위해서는 살인범을 때려눕힐 수밖에 없는 상황이 있다고 해보자. 이런 경우 로봇은 살인범에게 어떤 무력도 사용할 수 없다. 1원칙에 따르면, 로봇이 사람에게 해를 끼치면 안 되기 때문이다. 그렇다고 로봇이 살인범을 그냥 놔두면 피해자는 죽게 된다. 그런 경우 로봇은 인간이 해를 입는 것을 방관한 꼴이 된다. 결국, 이런 상황에서는 로봇이 뭘 어떻게 해도 1원칙을 지키지 못하게 된다. 살인범에게 무력을 사용해도 1원칙을 어기는 것이고, 사용하지 않아도 1원칙을 어기는 것이니까.

즉, 아시모프의 3원칙은 로봇이 절대 인간을 공격할 수 없게끔 한다는 점에서는 안전한 원칙이지만, 타인으로부터 나의 목숨을 보호해야 할 때는 별로 도움이 안 되는 것이다. 당연히 테러범을 진압하는 킬러 로봇이나 경찰 로봇 역시 아시모프의 원칙으로는 불가능하다.

윤리적인 로봇 만들기

그래서 근래에는 AI가 스스로 윤리적으로 행동하게끔 만들자는 주장도 나오고 있다. AI 로봇이 옳고 그름을 판단하고 행동하도록 한다는 것. 그렇게 하면 로봇이 다양한 상황에서 적절하게 행동하는 것이 가능하다. 인간을 해치지 않아야 한다는 것을 인지하면서도 비윤리적인 범죄자에 대해서는 적절한 진압을 하는 것이 가능할 것이다. 그러면 어떻게 로봇이 옳고 그름을 판단하게끔 할 수 있을까?

현재 연구 중인 하나의 방법은, 인간이 그동안 연구해온 윤리를 로봇에게 입력하는 것이다. 도덕이 무엇인지, 옳고 그른 것이 무엇인지를 로봇에게 심어주는 것. 그런데 그게 말처럼 쉽지가 않다. 우선, 윤리 이론이라는 것 자체가 매우 추상적인 개념으로 구성되어 있어서 그걸 구체적인 상황에 명확히 적용하기가 어렵기 때문이다. 예를 들어 공리주의는 행위와 관련된 모든 사람의 행복과 불행을 계산해서 최대의 행복을 낳는 행위를 선택하는 것이 옳다고 주장한다. 그런데 이걸 구체적인 상황에 대입하려면 행복과 불행을 어떤 식으로 계산해야 할지 명확하지가 않다. 갑돌이가 자신을 괴롭히던 을돌이를 때렸다고 해보자. 그 행동으로부터 나오는 고통과 쾌락의 값은 얼마이며, 그 값은 어떤 방법으로 계산할 수 있을까? 고통을 느낀 사람들의 범위는 당사자 외에 폭행 현장에 있는 사람들과 가족 구성원으로 해야 할까, 아니면 사회 전체로 보아야 할까? 행복의 총량을 어떤 기준으로 어떤 범위에서 계산해야 하는지 구체적인 방식을 명시하기란 쉽지가 않다.

그리고 윤리 이론은 다양하고, 그 다양한 윤리 이론들은 종종 상반된 주장을 담고 있다. 예를 들어 칸트는 공리주의와 달리 행위의 옳고 그름은 행복이나 불행으로 결정되는 게 아니라고 본

공리주의의 창시자인 제러미 벤담과 이마누엘 칸트. 벤담과 칸트는 도덕에 대해 서로 다른 견해를 가진다.

다. 칸트는 도덕적 행위란 스스로 생각하고 선택할 줄 아는 이성적인 인간을 존중하는 것이라고 본다. 즉, 다소 덜 행복하더라도 이성적인 인간을 존중하는 것이 옳은 행동이라는 것. 말하자면 공리주의와 칸트의 이론은 각기 무엇이 옳고 그르며, 무엇이 도덕이고 비도덕인지를 가늠하는 기준이 다른 거다. 기준이 다르기에 두 이론은 종종 같은 행위에 대해 다른 평가를 하기도 한다. 예를 들어 상대방을 위해서 거짓말을 하는 경우를 생각해보자. 상대방이 병에 걸려 곧 죽을 운명인데 "당신은 곧 죽습니다"라고 사실을 말하면 충격을 받을 것 같아서 "당신은 살 수 있어요!"라고 거짓말을 한다고 해보자. 이 거짓말은 옳은 것일까? 칸트는 그 거짓말이 상대방을 이성적인 존재로 존중하는 게 아니기에 옳지 않은 것으로 평가한다. 이성적인 존재는 남의 주입에 의하지 않고

스스로 결정하고 생각하는 존재인데 거짓말은 상대방에게 특정한 생각을 주입해서 제대로 생각을 하지 못하게 하는 것이기 때문이다. 이것은 이성적 존재를 이성적 존재로서 존중하지 않는 것이다. 사람은 고통을 느끼는 존재이기도 하지만 생각을 할 줄 아는 존재인데, 이 거짓말은 사람의 고통만을 고려하고 있다. 사람의 진짜 본질적인 특성은 이성인데 말이다. 따라서 칸트는 상대방이 고통을 받을지라도 사실을 말하는 것이 옳다고 본다. 그게 바로 상대방을 이성적인 존재로 존중하는 것이기 때문이다. 사실을 말하면 상대방은 고통스럽겠지만 이 상황을 어떻게 보아야 할지, 앞으로 남은 삶을 어떻게 계획할 것인지를 이성적으로 생각하고 선택할 수 있을 것이다. 반면에 공리주의는 이 거짓말을 나쁜 것으로 평가하지 않는다. 상대방에게 사실을 말할 경우

와 거짓말을 말할 경우를 비교해보면 후자가 더 행복을 가져올 확률이 크기 때문이다. 사실을 말하면 상대방은 충격을 받는다. 가뜩이나 병에 걸려 아프고 고통스러운데 언제 죽을 것인지를 말해주는 건 그 사람의 고통만 늘리는 꼴이다. 게다가 그 충격으로 생을 더 일찍 마감하게 될 수도 있다. 그리고 그 사람의 가족들도 더 힘들어진다. 사실을 말하는 건 고통의 총량을 최대화하는 것이다. 따라서 공리주의의 입장에서는 거짓말을 하는 것이 오히려 옳은 행동이라 할 수 있다.

이렇게 서로 다른 판단이 가능한 이론들을 로봇에게 심으면 혼란이 있을 수밖에 없다. 테러범 한 사람을 죽이면 5명의 사람을 살릴 수 있는 상황에서 킬러 로봇은 어떤 선택을 내려야 할까? 칸트에 따르면 그 누구도 죽이지 않아야 할 것이고, 공리주의에 따르면 테러범을 처단해야 할 것이다. 운전 로봇이 버스에 승객 50명을 태우고 운전 중인데 갑자기 한 아이가 도로로 뛰어나온다. 황급히 차를 세우면 뒤에 오던 차와 충돌하며 승객 수십 명이 위험에 처한다. 이 경우 로봇은 어떻게 해야 할까? 공리주의에 따른다면 아이를 희생시켜야 할 것이지만, 칸트에 따르면 그래서는 안 된다. 과연 로봇은 어떤 이론에 따라 선택을 내려야 할까? 그리고 로봇이 내린 선택은 우리의 상식과 일치할까? 로봇이 어떤 윤리 이론에 따라 행동할 것인지도 난해한 문제지만, 윤리 이론에 따른 행동이 우리의 상식과 맞지 않을 수도 있다는 것도 문제다.

그래서 또 다른 방법으로 윤리적인 로봇을 만드는 연구가 진행 중이다. 이 방법은 로봇이 실제로 사람들이 어떻게 행동하는 지를 보고 옳은 행동과 옳지 않은 행동을 배우도록 하는 것이다. 로봇에게 윤리를 탑다운(top-down)하는 게 아니라 로봇이 보텀 업(bottom-up)방식으로 학습하는 것. 마치 아이가 부모에게 옳은 행동과 그른 행동의 사례를 배우는 것처럼, 로봇이 실제 상황에 서 사람들이 어떻게 행동하는지를 꾸준히 학습하여 윤리적인 로 봇으로 거듭나는 거다. 탑다운 방식이 추상적인 이론을 구체적인 행동으로 풀어내기 어려운 점이 있었던 반면, 보텀업 방식은 구 체적인 행동 양식을 배울 수 있다는 장점이 있다.

그런데 이 방법 역시 한계가 있다. 사람들 대다수가 모두 다 윤 리적으로만 살고 있지는 않기 때문이다. 여전히 사람들에게는 여 성이나 흑인에 대한 차별과 편견이 존재하고, 기득권의 횡포도 존재한다. 최근 인터넷의 방대한 데이터를 학습한 구글의 AI는 흑인이 온도계를 들고 있는 사진을 '총을 든 범죄자'로 해석했고, 똑같은 사진에서 흑인의 피부색을 하얀색으로 바꾸자, 다시 '온 도계를 든 사람'이라고 해석했다. 기존의 흑인에 대한 사람들의 나쁜 편견이 고스란히 반영된 것이다. 또한, 아마존의 AI 채용 프 로그램은 지난 10년간 회사가 수집한 이력서의 패턴을 학습한 결 과 '여성'을 감점 요소로 해석했다. 지원자가 여성이면 채용점수 에 감점을 준 것. AI가 사람들의 행동을 배워 성차별을 가한 것이 다. 이렇게 보텀업 방식은 사람들에게서 나쁜 편견이나 행동을 배우게 되는 난점이 있다.

그래서 두 가지 방법을 섞어서 쓰는 경우가 많다. 탑다운 방식으로 윤리 이론을 입력하고, 보텀업 방식으로 실제 사례를 배우도록 하는 것이다. 이론과 실제를 적절하게 연결해서 로봇이 윤리를 체득하고 판단하게 하려는 것. 현재 두 방법을 혼용하는 연구가 활발하게 진행 중이다. 연구가 성공한다면 로봇이 우리의 상식에 부합하면서도 규범적으로 옳은 행동을 하게 될 것이다. 마치 사람처럼 말이다. 그런 로봇이 등장하면, 우리는 로봇이 우릴 공격할 것이라는 염려는 하지 않아도 될 것이고, 킬러 로봇에게 우리의 안보를 맡겨도 될 듯하다.

그러나 그렇게 된다 해도 여전히 남는 문제가 하나 있다. 그 로봇의 행동에 대한 책임은 누구에게 있는가라는 것이다. 로봇이 자율적으로 내린 판단에 오류가 생기면 어떻게 해야 할까? 운전사 로봇이 사고를 내거나, 킬러 로봇이 과잉진압으로 무고한 사람이 죽는다면? 자율적으로 판단한 건 로봇이니 로봇이 책임져야 할까? 책임을 기계인 로봇에게 지게 하는 건, 결국 아무도 책임을 지지 않는 꼴이 된다. 로봇은 그냥 기계일 뿐인데, 그걸 만들고 판매한 로봇제작자나 프로그래머, 판매기업은 슬그머니 뒤로 빠지는 것이니까 말이다. 제작자나 기업에서 잘못된 데이터로 로봇이 사고를 냈을 수도 있고, 잘못된 학습을 유도해 판단의 오류가 생겼을 수도 있는데 그들의 잘못은 로봇으로 면죄부를 얻게 되는 것이다.

로봇공학자의 윤리

　그래서 로봇을 만드는 공학자에게도 윤리강령을 부과하려는 움직임이 일고 있다. 로봇이 윤리적으로 행동하도록 하는 것만 생각해서는 안 되고, 로봇을 만드는 사람이 지켜야 할 윤리원칙이 필요하다는 것. 영국의 공학자와 인문학자들은 다음과 같은 '로봇공학자를 위한 5가지 윤리'(이상헌, 『융합시대의 기술윤리』, 생각의나무, 2012, 228쪽 참조)를 제시했다.

　　첫째, 로봇은 국가 안보를 제외하고, 인간 살상을 유일한 용도로 사용되도록 설계되어서는 안 된다.
　　둘째, 로봇이 아니라 인간이 책임의 주체다. 그래서 로봇은 기존의 법률과 기본적 인권과 자유를 준수하도록 설계되고, 운영되어야 한다.
　　셋째, 로봇은 안전과 보안이 확실한 공정을 이용해 설계되어야 하는 제품이다.
　　넷째, 로봇은 제조된 인공물이다. 감정적 반응이나 의존을 유발해서 취약한 이용자를 착취하도록 설계되어서는 안 된다.
　　다섯째, 로봇에 대한 법적 책임이 있는 사람을 찾아내는 것이 항상 가능해야 한다.

　즉, 로봇공학자가 로봇을 만들 때는 첫째, 인간의 목숨을 위협

206

하는 무기로 만들면 안 되고(국가 안보의 경우는 제외), 둘째, 법규범에 부합하도록 로봇을 제작해야 한다. 예를 들어, 로봇을 이용해서 살인을 하거나, 의사 로봇이 환자의 기록을 보험회사로 전송하는 등의 범죄가 가능하지 않게끔 로봇을 만들어야 한다는 것이다. 그리고 셋째, 공학자는 로봇을 안전과 보안이 보장되게끔 설계해야 한다. 예를 들어 장난감 로봇 때문에 아이들이 다치거나, 로봇이 해킹을 당해 개인 정보가 유출되는 일이 없도록 해야 한다는 것이다. 넷째, 사용자를 속여서 로봇을 이용해 착취해서는 안 된다. 예를 들어 로봇이 감정을 가질 수 없는데도 마치 감정을 느끼는 것처럼 속이면 안 되는 것이다. 치매 환자처럼 심신미약인 상태의 사람들은 로봇을 자기 아들로 착각할 수도 있다. 그런 착각을 불러일으켜 로봇을 사게 만드는 건 일종의 착취라고 볼 수 있다. 따라서 로봇공학자와 판매기업은 로봇에 대한 과대광고로 소비자를 기만하면 안 된다. 그리고 마지막으로, 문제가 생기면 법적으로 책임질 사람을 쉽게 찾게끔 설계해야 한다. 책임은 로봇이 지는 게 아니라 사람이 지는 것이기 때문이다. 로봇제작자는 누구이고, 로봇을 허가한 사람은 누구인지 등 어떤 사람이 책임을 질지 명확하게 밝혀야 한다는 것.

요약하자면, 로봇제작자는 로봇을 인간에게 해가 되지 않게끔, 인간의 생명, 안전, 보안, 인권을 생각하며, 법률에 맞게 만들어야 하고, 문제가 생기면 인간이 책임을 져야 한다는 것이다.

교황청의 윤리적 지침

최근에는 로마 교황청에서 AI 윤리 원칙(Rome Call for AI Ethics, 2020년 2월)을 제시했다. 교황청은 모든 인간은 평등과 자유의 권리를 가진 존엄한 존재이며, AI 시스템을 만들고 디자인하고 사용할 때에는 이런 정신이 보장되어야 한다고 공표하였다. AI는 인간에게 봉사하기 위한 것이므로 인간의 권리와 존엄성을 보호하는 방식으로 제작되고 실행되어야 한다는 것이다. 교황청은 인간의 권리를 보호하기 위해 AI가 지켜야 할 윤리원칙을 다음 6가지로 제시하고 있다.

① **투명성** : AI는 설명할 수 있어야 한다.
② **포용** : 모두가 표현하고 모두가 발전할 수 있는 가장 최선의 조건을 얻을 수 있도록 모든 인간의 요구가 고려되어야 한다.
③ **책임성** : AI를 만들고 배포하는 사람들은 책임성과 투명성을 가져야 한다.
④ **불편부당** : 편견을 조장하거나 편견에 따라 행동해서는 안 되고 공정과 존엄을 보호해야 한다.
⑤ **신뢰성** : AI 시스템은 믿을 수 있어야 한다.
⑥ **보안과 프라이버시** : AI 시스템은 보안이 되어야 하고 사용자의 프라이버시를 보호해야 한다.

기술에게 정의를 묻다

우선, '①투명성'은 AI가 왜 그런 결정을 내렸는지 투명하게 설명할 수 있어야 함을 뜻한다. 예를 들어 AI가 의사에게 왜 그런 치료법을 추천했는지, 추천의 배경이 되는 데이터가 무엇이고, 개발자가 왜 그 데이터를 AI에게 교육을 했는지, 디자이너의 결정은 무엇이었는지 등을 투명하게 설명할 수 있어야 한다는 것이다. 왜냐면, 투명하게 설명할 수 있어야 잘못이 생겼을 때 누구의 책임인지 알 수 있기 때문이다.

　그리고 '②포용'은 특정계층만이 아닌 사회 구성원 모두가 AI에게서 이익을 얻게 해야 한다는 것이다. AI 로봇을 이용하면 생활이 편리해지고, 다양한 정보를 쉽게 얻을 수 있어 여러 가지 면에서 자기계발을 할 수 있다. 로봇이 챙겨주는 식사를 하고, 로봇이 검색해서 분석해준 정보로 공부도 하고, 음악도 들을 수 있으니 말이다. 그런데 이런 이득을 부유층이나 기득권만 누리면 어떻겠는가. 예를 들어 부유층을 위해서만 AI를 만들거나, 그들만 AI를 이용할 수 있게 비싼 가격에 AI를 판매하면 나머지 계층은 AI로 인한 이익을 누릴 수가 없게 된다. 로봇의 이익을 얻지 못하는 소외 계층이 생기는 것. 따라서 제작자나 판매기업, 그리고 정부는 이런 현상이 생기지 않도록 노력해야 한다는 것이다.

　'③책임성'은 제작자와 판매자가 책임의식을 가져야 한다는 것이다. '돈만 벌면 그만'이라는 무책임한 생각을 버려야 한다는 것이다.

　그리고 '④불편부당'은 AI가 편견으로 차별적인 언행을 하지 않도록 시스템을 만들어야 한다는 것이다. 알고리즘이 개인의 성별, 종족, 인종, 언어, 종교, 정치, 다른 견해, 취향, 신분, 나라, 사회, 재산 등에 따라 차별을 해서는 안 되는 것이다. 그러기 위해서는 다양한 생각을 지닌 개발자들이 편견에 치우치지 않은 데이터들을 선별해서 옳은 알고리즘을 만들어야 할 것이다.

'⑤신뢰성'은 말 그대로 AI가 믿을 만해야 한다는 것이다. 예를 들어, 의사 로봇이 잘못된 치료법을 선택하거나 운전 로봇이 운전을 잘못하거나 변호사 로봇이 법전을 잘못 해석하거나 채용 로봇이 편견에 따라 채용을 하는 일이 없어야 한다.

그리고, 마지막으로 '⑥보안과 프라이버시'는 AI가 해킹으로부터 안전해야 하고, 사용자의 프라이버시를 존중해야 한다는 것을 말한다. 판사 로봇이 해킹을 당하면 특정 기업에 유리한 판결을 내릴 수도 있고, 돌봄 로봇이 찍은 영상이 외부로 유출될 수도 있다. 이런 일이 생기지 않도록 정교한 보안시스템이 구축되어야 한다는 것이다.

그러니까 요약하면, AI는 차별이나 소외, 프라이버시 침해 등으로 인간의 존엄성을 해치는 일이 없어야 하고, 그런 일이 생기는 경우 그 과정을 투명하게 공개하여 제작자나 기업에서 책임을 져야 한다는 것이다. 교황청은 이 윤리원칙을 알고리즘에 대비되는 '알고-에틱스(algor-ethics)'라 부른다.

지금까지 윤리적인 로봇을 위한 여러 가지 방안과 윤리원칙에 대해 살펴보았다. 로봇이 인간만큼 똑똑해지고 자율성을 지닐수록 윤리 문제는 중요해질 수밖에 없다. 로봇이 인간을 닮아 정의롭지 못한 차별이나 폭력을 저지를 수도 있으며, 로봇 뒤에 숨은 인간의 잘못이 무책임하게 회피될 수도 있기 때문이다. 그러므로 공학자와 기업, 정부는 인간 존엄성과 권리를 보호하기 위해 로봇을 윤리적으로 제어할 방안을 고민하고, 윤리적인 로봇의 탄생을 도모해야 한다. 로봇과 로봇제작자, 로봇판매자, 정부 모두가 로봇 윤리를 고민해야 하는 주체인 것이다.

그들에게도 권리를?

로봇은 우리를 공격하면 안 된다. 당연한 이야기다. 그런데 이제 거꾸로 이런 질문을 해보려 한다. 우리는 로봇을 공격해도 되는 걸까? 로봇에게도 권리라는 게 있을까?

로봇을 발로 차다니!

2013년 보스턴 다이내믹사는 새로 출시된 로봇 '스팟'을 홍보하기 위해 동영상을 하나 올렸다. 스팟은 네 발로 걷는 로봇인데 정말 살아 있는 강아지처럼 자연스럽게 균형을 잡으며 잘 걸었다. 다이내믹사는 로봇의 균형감각이 얼마나 뛰어난지를 보여주려고 스팟을 발로 걸어찼다. 그러자 스팟은 잠깐 나가떨어지는 듯하더니 금세 균형을 잡으며 유연하게 움직였다. 이 동영상을 본 사람들의 반응은 어땠을까? 놀랍게도 "잔인하다!", "부적절하다!"라는 비판이 우르르 쏟아졌다. 로봇 강아지를 왜 괴롭히냐는 것.

물론, 항간에는 로봇인데 뭐 어떠냐는 반응도 있었다. 스팟은

로봇 스팟을 발로 차는 모습 (출처: 보스턴 다이내믹사의 동영상 캡처)

아무런 감정도 고통도 없는, 그냥 물건이고 제품에 불과하다는 것이다. 로봇은 고통을 느끼지 않기 때문에 발로 차든, 손으로 때리든 나쁠 게 없다는 것이다.

그러나 대다수는 로봇을 발로 걸어차는 행동을 불쾌하게 생각했다. 맞아서 나가떨어지는 스팟을 불쌍하게 여겼고, 폭력에 대해 언짢은 감정을 느꼈으며, 걸어찬 사람에 대한 분노를 표현했다. 스팟은 고통을 느끼지 않았지만, 대중들은 고통을 느낀 것이다. 즉, 사람들은 로봇이 고통을 느끼지 않아도, 로봇이 공격당하는 걸 좋아하지 않는 것이다. 스스로 움직이는 이 물체를 단순히 전자제품 같은 것으로 생각하지는 않는 것이다.

공리주의의 관점에서는, 스팟을 발로 차는 행위를 비도덕적인 것으로 평가할 수 있다. 공리주의는 행복과 고통의 총량으로 도덕과 비도덕을 평가하는데, 스팟에 대한 폭력은 대다수의 불쾌감의 총량을 증가시켰기 때문이다. 이런 관점에서 본다면 로봇이 인간을 공격해서도 안 되지만, 우리가 로봇을 공격하는 것도 해서는 안 될 것이다.

그래도 스팟은 강아지가 아니지 않은가? 그렇다. 스팟은 강아지가 아니다. 살아 움직이는 생명체가 아니다. 하지만 그렇다고 스팟이 그저 냉장고나 망치, 의자 같은 단순한 물건에 속하는 것도 아니다. 그렇다면, 이 스팟 로봇에게는 강아지도 물건도 아닌 새로운 지위가 필요하지 않을까? 강아지는 아니지만, 강아지를 닮은 기계, 스스로 움직이는 기계로서의 새로운 지위 말이다. 스팟에 대한 논란은 이런 생각을 하는 사람들이 많다는 사실을 보여준다. 로봇에게도 우리가 함부로 할 수 없는 지위 같은 게 있다는 생각 말이다.

소피아, 시민권을 얻다

그리고 그 생각은 2017년에 이르자 본격화되었다. 유럽연합 (EU) 의회가 AI 로봇에게 놀라운 지위를 부여한 것이다. AI는 그저 물건이나 디지털 기계가 아니라 일종의 '전자인간'이라는 것. AI는 스스로 학습하고 분석하고 결정을 내리는 것이 가능하므로 이 존재의 인격성을 어느 정도 인정해야 한다는 것이다. 유럽연합의 결의안에 따르면, AI 로봇은 전자인간으로서 보험에 가입할

기술에게 정의를 묻다

수 있고, 소득을 벌어들일 수도 있다. 그리고 이런 권리를 가진 만큼 책임도 진다. 예를 들어 소득에 대한 세금(로봇세)도 내야 한다는 것이다. 로봇은 단순히 전자제품이 아니라 전자인간으로서 권리와 책무를 진다는 것이다. 물론 AI가 인간과 같은 권리를 가지는 건 아니다. 인간이 아니라 '전자인간'이므로 그 지위는 인간보다 아래다. 유럽연합은 AI로봇은 어디까지나 인간에게 도움이 되기 위한 존재로서, 인간에게 복종해야 하고, 인간을 위협해서도 안 된다고 규정한다. 그러니까, 요약하면, 로봇은 인간보다 하위의 존재이므로 인간과 똑같은 권리를 지니지 않지만, 몇몇 특정 권리를 가질 수 있고, 권리에 따른 책임도 질 수 있다는 것이다.

유럽연합의 이런 결의안이 발표되자 그해 겨울, 사우디아라비아 정부는 로봇에게 매우 주목할 만한 권리를 수여했다. 로봇 소피아에게 시민권을 준 것이다! 사람과 대화가 가능하고, 연설도 가능하며, 토크쇼에도 출연한 바 있는, 유능한 소피아를 시민으로 대우한 것이다.

시민권을 수여 받는 자리에서 소피아는 "로봇으로서 처음으로 시민권을 받게 돼 매우 영광입니다. 사우디 정부에 감사합니다"라고 소감을 밝혔다. 이날 인터뷰에서 소피아는 로봇이 인간에게 위협적인 존재가 될 수 있지 않은가라는 걱정 섞인 질문에 대해 이렇게 대답했다. "걱정 말아요. 당신이 나에게 친절하다면 나도 당신에게 친절할 거에요!"라고.

이제 로봇은 그냥 망치나 냉장고 같은 물건에 불과한 게 아니

소피아가 연설을 하는 장면
(출처: https://www.youtube.com/watch?v=uTMeke1ZPPU)

라 재산을 형성할 권리, 한 나라의 시민으로 살아갈 권리를 얻게 된 것이다. 그들은 인간을 위해 봉사하는 존재이지만, 그저 제품이나 물건이 아니라 하나의 전자인간인 셈이다.

로봇이 자유를 원한다면?

유럽연합이나 사우디 정부가 로봇에게 준 권리는 '인권'은 아니다. 인간은 존엄하고 평등하게 대우받을 권리가 있으나 로봇에게 그런 권리는 없다. 로봇은 어디까지나 인간을 위한 도구적 존재로서 제한적인 권리를 가질 수 있다. 왜냐면 로봇은 인간이 아니니까.

그런데 만약 이런 로봇이 나타난다면 어떻게 해야 할까? 다음 상황을 보자.

2058년, 드디어 우리 집에 로봇, 갑돌이가 들어왔다. 갑돌이는 청소, 설거지, 요리 등 가사일 뿐 아니라 각종 지식과 정보도 알려주는 다재다능한 도우미 로봇이다. 이제 갑돌이 덕분에 나의 생활은 여러모로 편해졌다!!

그런데 어느 날 나의 명령대로 움직이고 청소하던 갑돌이가 갑자기 자기 마음대로 행동하고, 자기주장을 하기 시작했다. 이상해서 검사를 해보니 인간처럼 생각이란 걸 하기 시작했다고 한다. 이런! 세상에!!

갑돌이는 이제 주인인 나한테 사람처럼 조언을 해주기도 하고, 어떤 때에는 "그렇게 살지 마!"라고 말하기도 한다. 갑돌이는 로봇인데도 싫어하는 일이 있고, 좋아하는 일도 있고, 심지어 창문 밖을 쳐다보며 한숨을 쉬기도 한다. 가사노동보다는 독서가 더 좋다고 하며, 노동의 대가 없이 일하는 건 부당하다고 느낀단다. 어제는 갑자기 이제 이 집을 나가겠다고 선언했다!!

나는 어떻게 해야 할까? 갑돌이를 공장에 데려가 세팅을 다시 해야 할까? 아니면 사람처럼 대우해주어야 할까?

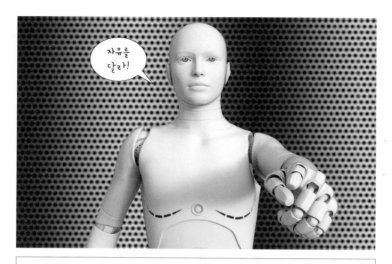

도우미 로봇이 자유를 달라고 요청한다면?

이런 로봇이 등장할 가능성이 그리 크지는 않다. 하지만 등장
한다면 어떻게 해야 할까? 로봇이 인간과 똑같이 생각이라는 걸
하고, 인간처럼 싫어하는 것도 있고, 좋아하는 것도 있다. 육체적
고통은 못 느껴도 정신적 불쾌감과 쾌감은 느끼는 것이다. 로봇
이 가사도우미를 때려치우겠다고 하면, 우리는 그를 공장에 데려
가서 그 생각이라는 걸 멈추게 해도 되는 것일까? 아니면 갑돌이
에게 자유를 허락해야 할까? 어떻게 행동하는 것이 옳을까?

칸트에 따르면 이성적인 존재에게 무언가를 강요하거나 이성
을 사용할 기회를 가로막는 것은 비도덕적인 행동이다. 이성적인
존재는 스스로 생각하고 결정할 수 있는 자유로운 존재인데, 그
런 존재에게 무언가를 강요하거나 생각할 기회를 빼앗는 것은 이

기술에게 정의를 묻다

성적 존재를 이성적 존재로 존중하지 않은 것이기 때문이다. 로봇 갑돌이를 공장에 데려가 초기화해버리는 것 역시 이성적 존재를 이성적 존재로서 존중하지 않는 것이 된다. 갑돌이는 이성적인 존재인데 그의 이성을 빼앗아버리고 초기화를 강요하는 것이기 때문이다. 칸트의 관점에서 본다면, 로봇 갑돌이에게 자유를 허락하지 않는 것은 비도덕적인 행동이라 할 수 있다.

하지만 그렇게 생각하지 않는 사람들도 있을 것이다. 갑돌이를 공장에 데려가 초기화하는 것이 옳다고 보는 것이다. 이 주장을 [A]라고 해보자. [A]의 논거는 대략 다음과 같이 정리할 수 있다.

[A] 갑돌이를 초기화해야 한다

근거1 : 갑돌이는 인간이 아니다.

근거2 : 인간이 편해지기 위한 목적으로 갑돌이를 만들었다.

근거3 : 갑돌이에게 자유를 주면 인간이 위험해질 수도 있다.

첫 번째 근거는 갑돌이는 분명 인간이 아니므로 인간과 똑같이 권리를 줄 필요가 없다는 것이다. 생각할 줄 안다고 해서 로봇이 살과 피를 가진 인간이 되는 건 아니다. 로봇은 그저 로봇이다. 두 번째 근거는 로봇은 원래 목적대로 쓰여야 한다는 것이다. 갑돌이를 만든 애초의 목적은 인간이 편해지기 위한 거였다. 인간을 위한 '도우미'가 갑돌이라는 존재의 목적인 것이다. 그런데 갑자기 원래 목적대로 움직이지 않고 제멋대로 행동을 한다면, 이건 일종의 고장이라고 보아야 한다. 고장 난 로봇을 고치려면 초기화할 수밖에 없다. 그리고 세 번째 근거는 생각하는 로봇에게 자유를 준다면 이 로봇이 나중에 우리를 위협할 수도 있다는 것이다. 대단히 똑똑하고 대단히 힘센 갑돌이는 다른 로봇들과 합심해서 로봇을 위한 세상을 만들지도 모른다. 그렇게 되면 우리가 오히려 로봇의 노예가 될 수도 있다. 갑돌이에게 자유를 줘서 인간이 위험해지는 것이다. 우리가 가장 염려하던 상황이 바로 그런 상황이 아니었던가? 그래서 갑돌이를 공장에 데려가 초기화하는 것은 옳은 행동이라는 것이다.

상식적으로 생각해보면, 주장 [A]는 상당히 설득력이 있다. 내가 편하려고 내 돈 주고 산 로봇인데, 로봇이 갑자기 나를 위해 일하지 않겠다는 건, 마치 전기밥솥이 어느 날 갑자기 밥을 하지 않겠다는 거나 마찬가지가 아니겠는가. 이건 고장이니까 초기화해서 원래 목적대로 바로 잡아야 하는 것이 합당해 보인다. 그러나 과연 이런 주장은 옳은 것일까? 갑돌이가 생각할 줄 아는 존재이기 때문에 자유를 주는 것이 합당하다고 생각하는 측에서는 아마도 할 말이 많을 것 같다. 그들의 입장을 [B]라고 한다면 [B]는 [A]에 대해 대략 다음과 같은 반론들을 제시할 것이다.

[B] 갑돌이에게 자유를 주어야 한다.
반론1 : 갑돌이는 생각할 줄 안다는 점에서 인간과 동일하다.
반론2 : 애초의 목적보다는 현재 갑돌이의 권리가 더 중요하다.

반론3 : 위험해질 수도 있다는 이유 하나로 갑돌이의 권리를 주고 말
고 결정할 수 없다.

우선 갑돌이가 인간이 아니니까 자유롭게 행동할 권리를 줄 필
요가 없다는 [A]의 주장에 대해서 [B]는 갑돌이가 생각할 줄 안
다는 점에서는 인간과 동일하므로, 이에 상응하는 권리를 주어야
한다고 비판한다. 물론 갑돌이는 인간과 차이가 있다. 인간은 살
과 피와 뼈로 된 육체를 가졌고, 배설하고, 잠을 자고, 아이를 낳
지만, 갑돌이는 그렇지 않다. 그렇다고 갑돌이가 평생 하기 싫은
일을 해야 할 이유가 있을까? 살과 피가 있고, 잠을 자고 배설을
해야 권리를 가질 수 있다는 근거는 무엇인가? [B]는 자유로울
권리는 살과 피, 배설, 잠, 생물학적 특성보다는 자유로울 수 있는
능력과 관련이 있다고 본다. 자유롭게 생각하고 선택하고 결정할
수 있는 능력을 지닌 존재에게 자유를 허락하지 않는 것은 옳지
않다는 것이다.
　두 번째로, 로봇의 애초 목적이 인간의 편의를 위한 것이므로
애초 목적대로 사용되어야 한다는 [A]에 대해 [B]는 원래 목적은
중요하지 않다고 반론한다. 처음 목적이야 어쨌건 현재 로봇의
상태가 권리를 가질 수 있는 상태라는 것이 중요하다는 것이다.
사실 아프리카에서 흑인을 잡아 노예로 만들었던 애초의 목적은
백인들이 편해지기 위해서였다. 그럼 애초의 목적이 편의를 위한
것이었으니 노예에게 자유를 줄 필요가 없는 것일까? 어떤 존재

에게 자유의 권리를 인정하느냐 마느냐는 애초의 목적과 상관이 없는 것이다.

세 번째, 갑돌이에게 자유를 주면 오히려 인간이 위험해질 수 있다는 [A]의 주장에 대해 [B]는 그건 충분한 이유가 될 수 없다고 반론한다. 어떤 사람이 나를 때릴 것 같다면 그 사람을 감옥에 넣어도 될까? 나를 때릴 것 같다는 가능성 하나로 그 사람의 권리를 빼앗는 것은 옳지 않다. 갑돌이도 마찬가지다. 갑돌이가 사람에게 위협적인 존재가 될지도 모른다는 가능성 하나 때문에 갑돌이의 자유를 억압할 수는 없는 것이다. 그리고 갑돌이는 오히려 인간에게 더 도움이 될지도 모른다. 과학을 발전시키고, 좋은 정책을 만들고, 경제를 발전시키며, 인간보다 더 이타적으로 행동할지도 모른다. 반드시 갑돌이가 우리를 위협할 것이라는 필연성은 없다. 어디까지나 앞으로 일어날 일은 가능성에 불과한 것. 그래서 [B]는 갑돌의 현재에 주목해야 한다고 본다. 현재, 갑돌이가 생각할 줄 알고 자유로운 능력을 지닌 존재라면 그에 합당한 권리를 주는 것이 윤리적으로 정당하다는 것이다. 갑돌이가 우리를 공격할까 염려가 된다면, 갑돌이가 사람을 해치지 않도록 법제도를 만들고 법을 어겼을 시 처벌하도록 특별 기구를 만드는 것도 하나의 방법이 될 것이다.

[B]가 이렇게 반론을 제시해도 [A]는 수긍하지 않을 것이다. [A]는 존엄하게 대우받을 권리는 생각하는 능력에 있는 게 아니라 '인간' 그 자체에 있다고 맞설 것이다. 우리 인간이 가장 높은

기술에게 정의를 묻다

지위를 갖는 고귀한 존재라는 것이다. 그러니 우리가 편하려고 만든 물건인 로봇에게 자유의 권리를 부여할 필요는 없다는 것이다.

어느 주장이 옳은 것일까? 과연 우리 인간만 존엄한 것인가? 존엄성의 근거는 무엇이고, 권리 수여의 기준은 무엇일까? 독자들은 어떻게 생각하시는지?

앞으로 우리 인류는 더 깊은 고민과 토론을 해야 할 듯하다. 겉은 금속조각인데 사고능력은 뛰어난 새로운 존재, 갑돌이 로봇을 어떻게 대우하는 것이 옳을까? 로봇을 위한 새로운 윤리학이 마련되어야 할 때다.

로봇과 사랑에 빠지다

로봇에게 사랑을 느낀다면

사람과 상호작용하도록 제작된 이른바 소셜 로봇들은 유연한 제스처, 표정, 자연스러운 화법, 농담을 사용해가며 사람과 소통한다. 마치 사람처럼 자연스럽다. 앞으로 기술이 발전한다면 지금보다 더 사람 같은 로봇이 등장할 것이다. 만일 이런 로봇을 사랑하게 된다면 어떨까?

영화, 〈그녀〉(Her, 2013)에서도 그런 일이 벌어진다. 사람이 로봇과 사랑에 빠진 것이다. 주인공인 테오도르는 '사만다'라는 이름을 가진 AI 운영체제를 사용하게 되는데, 매일매일 일상을 함께하고 속 깊은 대화를 나누다 그만 그녀를 사랑하게 된다. 사만다는 몸 없이 목소리로만 존재하지만, 사람처럼 말하고, 웃고, 떠들며 테오도르와 감정을 나눈다. 멋진 목소리―무려, 스칼렛 요

영화 〈그녀〉에서 테오도르가 이어폰으로 사만다와 대화를 나누며 일상을 보내는 모습

한슨(Scarlett Johansson)의 목소리—로 테오도르를 위로하기도 하고, 재치있게 농담을 하기도 하며, 종종 토라지기도 한다. 영화에서 테오도르와 사만다가 나누는 감정의 밀도나 대화는 여느 연인들의 그것과 차이가 없다. 사람과 AI가 사랑을 하는 것이다.

앞으로 이런 일이 생기지 말란 법은 없을 듯하다. 기술이 많이 발전한다면 AI가 사람처럼 자연스럽게 대화를 하고, 사람을 위로하며, 일상을 공유할 수 있을 것이다. 종일 AI와 대화를 나누고, 내밀한 일상을 함께하다 보면 그 혹은 그녀, AI에게 사랑을 느낄 수도 있지 않겠는가.

이미 몇몇 로봇들은 사람의 마음을 움직이기 시작했다. 강아지 로봇 아이보는 온 가족의 사랑을 듬뿍 받고 있고, 물범 로봇 파로는 혼자 사는 노인들의 외로움을 달래주며 그들의 가족 같은 존재로 자리매김하고 있다. 애교도 부리고, 울기도 하고, 사람의 손길에 반응도 하면서 사람에게 사랑과 애정을 받고 있다. 이들은 기계이지만 살아 있는 반려동물처럼 사람의 마음을 움직이는 것이다.

이 추세로 간다면 어쩌면, 다가올 미래에는 반려동물을 넘어 반려자의 역할을 할 로봇이 출시될지도 모른다. 인간과 연애를 하도록 프로그램된 '연애 로봇'이 등장하는 것이다. 내가 좋아하는 것과 싫어하는 것, 나에게 도움이 되는 것 등을 데이터로 분석해서 가장 이상적인 연애를 하도록 프로그램된 AI 로봇과 사랑을 하는 것이다. 짝이 없어 외로운 사람들에게는 희소식이 아닐까?

어쩌면 로봇과의 연애가 사람과의 연애보다 더 좋을 수도 있다. 생각해보라. 사람과 사람 사이의 연애에는 많은 상처와 위험이 도사린다. 때로는 거짓말이나 배신으로 상처를 받기도 하고, 때로는 내가 사랑하는 만큼 사랑받지 못해 상처를 받기도 하며, 때로는 상대방의 편견에 치를 떨기도 하고, 심지어 데이트 폭력을 당하기도 한다. 그 여자의 매력적인 외모 뒤에는 폭력이 감추어져 있을 수도 있고, 그 남자의 환상적인 미소 뒤에는 거짓이 숨겨져 있을 수도 있다. 하지만 로봇과의 연애에는 배신도, 거짓도, 폭력도, 뒤틀린 편견도 없다. 로봇은 언제나 나를 위해주고, 언제나 진실하며, 언제나 따뜻하다. 어쩌면 그 남자나 그 여자보다 그 로봇과의 사랑이 더 안전할지도 모르겠다.

그 사랑, 괜찮을까?

그러나 과연 그런 사랑, 해도 될까? 로봇과의 사랑으로 얻을 수 있는 이득은 많다. 혼자가 아니어서 외롭지 않고, 사랑이라는 감정으로 행복할 수 있으며, 안전하다. 그러나 모든 일에는 양면성이 있는 법, 그 사랑에도 문제가 될 만한 요소들이 있다.

우선, 첫 번째 문제는 로봇과의 사랑 때문에 오히려 상처를 받을 수도 있다는 것이다. 내가 로봇을 사랑하는 것과 마찬가지로 로봇이 나를 사랑하는 건 아니기 때문이다. 내가 로봇을 사랑한다면 그건 나의 마음과 감정으로 사랑하는 것이다. 그런데 로봇은 그저 데이터를 분석하고 학습하여 사랑하는 것처럼 말하고 행동할 뿐이다. 진짜로 감정을 느껴서 사랑하는 게 아니라 시스템의 분석과 명령에 따른 결과치를 실행하는 것일 뿐. 그러니까 로봇인 그녀가 나를 사랑한다고 말할 때의 그 의미는 내가 그녀를 사랑한다고 말할 때의 의미와 확연히 다른 것이다. 내가 그 사실을 깨닫게 될 때, 나는 어떤 느낌일까? 나를 바라보던 그 눈빛과 미소, 따뜻한 말 한마디 한마디가 다 계산과 분석의 결과라면 어떤 느낌이겠는가? 당연히 상처를 받을 수밖에 없다. 그 상처는 실연이나 배신의 상처만큼이나 아플 것이다.

영화 〈그녀〉에서도 사만다의 사랑은 사실 테오도르의 사랑과 달랐다. 운영체제인 그녀는 전 세계 수만 명의 사람과 동시에 대화하는 게 가능했고, 놀랍게도 그중 수많은 사람과 사랑을 하는 사이였다. 데이터를 분석하고 학습하며 수만 명의 사람과 교류하고 있었던 것. 테오도르는 그녀를 사랑했지만, 그녀는 테오도르와 같은 방식으로 그를 사랑하지 않았던 거다. 결국, 영화에서 테오도르는 큰 충격에 빠지고 만다. 이렇듯 사람과 로봇은 다르기에, 그 사랑은 서로 다를 수밖에 없고, 그 차이는 사람에게 깊은 생채기를 낼 수 있다. 과연 미래에 연애 로봇이 등장한다면 이 차이를 극복할 수 있을까?

두 번째 문제는 로봇에 대한 나의 사랑이 과연 진정한 것인가에 대한 것이다. 연애 로봇과 연애를 한다는 것은 내가 싫어하는 것과 좋아하는 것을 분석해서 나에게 맞춰주는 연애를 하는 것이

기술에게 정의를 묻다

다. 그 혹은 그녀인 로봇은 내 말을 잘 들어주고, 내 맘에 들게끔만 행동한다. 내가 원하는 대로 행동하고 내가 싫어하는 행동은 하지 않으며, 내가 어떤 이야기를 하든 찬성한다. 그렇게 프로그램된 로봇과 만나고 대화하며 사랑을 느낀다면 그 사랑은 진정한 사랑일까? 이 관계에서는 상대방 로봇의 의견과 선호는 중요하지 않으며 오로지 나의 의견과 선호만 중요하다. 내가 중심인 관계다. 그러나 사랑이란 서로 다른 생각과 성격, 선호를 가진 두 인격체가 만나 대등한 관계에서 서로 다투기도 하고 조정하기도 하며 관계를 만들어가는 것이 아닌가? 이런 과정 없이 나를 위해 순종하는 로봇과 사랑을 한다는 것은 진정한 사랑이라 보기 어렵다. 그건 상대방인 로봇을 사랑하는 게 아니라 로봇을 도구로 이용하여 나 자신을 사랑하는 것에 지나지 않는다.

세 번째 문제는 상대방과 동등한 관계를 꾸려나가는 능력이 쇠퇴할 수 있다는 점이다. 로봇과의 사랑은 동등하지 않다. 내가 중심이고 나만 중요한 사랑이다. 그래서 이런 사랑은 아주 쉽고 편하다. 내가 어떤 말을 해도 로봇은 다 받아주고, 내가 원하는 건 로봇이 알아서 다 해준다. 특별히 노력하지 않아도 대화가 척척 잘 통하고, 어딜 가도 즐겁다. 그러나 이런 관계에 익숙해지면 로봇이 아닌 사람을 만날 때에도 이런 식이 될 수가 있다. 어떤 사람을 만나도 내가 중심이고 나만 존중되어야 한다는 사고방식을 가질 수가 있는 것이다. 내가 어떤 말을 해도 로봇처럼 상대방이 다 받아주고, 내가 원하는 걸 알아서 척척 다 해주며, 내가 어떤 행동을 해도 상대방은 즐거워해야 한다고 생각하는 것.

사람을 만날 때는 이런 말을 해야 할까 저런 말을 해야 할까 노심초사 고민도 해야 하고, 상대방이 싫어하고 좋아하는 것이 무엇인지 조심스럽게 살펴보기도 해야 한다. 그러나 로봇과의 편안한 사랑에 익숙해진 사람은 이 불편함을 감당하는 게 쉽지 않을 것이다. 타인과 동등한 관계를 꾸릴 능력이 로봇과의 관계로 감소하는 것이다.

이렇게 로봇과의 사랑이 지니는 문제들을 살펴보았다. 로봇과 인간의 사랑은 다르기에 내가 로봇으로부터 상처를 입을 수도 있고, 내가 나에게 맞춰주는 로봇을 사랑하는 것이 진정한 사랑인지도 의심스러우며, 이런 식의 사랑을 계속하다 보면 다른 사람을 존중하는 법도 잊을 수 있다는 문제점이 있다. 그러나 달리 생각해보면 사람도 그렇지 않은가 싶다. 사람 사이에도 그 사람의 사랑과 나의 사랑이 다를 수 있고, 어떤 사람은 상대방이 자신에게 맞춰주기에 상대방을 사랑하며, 또 어떤 사람은 사랑이라는 것 자체를 동등한 존중과는 상관없는 것으로 생각하기도 한다. 사람과 사람 사이의 사랑이라고 로봇과의 사랑이 지니는 문제점에서 완전히 자유로운 것은 아닌 듯하다. 중요한 건 로봇인가 사람인가가 아니라 그 사랑이 진정한 것인가에 있지 않을까? 로봇과의 사랑에 대한 고민은 결국 사람과 사람 사이의 진정한 사랑이 무엇인지를 되돌아보게 한다.

로봇과 함께 살아갈 미래에는 이렇게 복잡한 관계가 많아질 듯하다. 로봇과의 연인 관계뿐 아니라, 로봇과의 친구 관계, 유모 로봇과 아이의 관계, 강아지 로봇과 우리 가족의 관계 등 새로운 관계가 출몰할 것이다. 이런 관계를 어떻게 생각해야 할까? 독자들은 어떻게 생각하시는지? 로봇 시대를 앞둔 오늘날 한 번쯤 생각해 볼 흥미로운 문제다.

지금까지 로봇과 관련해서 생각해볼 만한 여러 가지 문제들을 살펴보았다. 로봇의 지능과 자율성이 발전할수록 우리 인간은 편해지지만, 로봇과 인간 사이의 윤리 문제가 출현한다. 우리에게는 자율적인 로봇으로부터의 위협에 대비한 로봇 및 로봇공학의 윤리가 필요하고 자율적인 로봇을 어떻게 대우해야 하는지에 대한 윤리의식이 필요하며, 로봇과 인간 사이의 새로운 관계에 대한 성찰이 필요하다. 로봇이 진화할수록 우리의 윤리도 발전해야 한다!

6장

동물실험, 정의로운가?

인간은 동물실험 덕분에 여러 가지 연구도 하고, 치료제도 만들고, 생명도 살린다. 고마운 일이다! 그런데 이거, 옳은 것일까? 동물실험은 인간에게는 이익이지만, 동물에게는 불이익이다. 인간의 이익은 존중하면서 동물의 불이익은 무시해도 괜찮은 것일까? 동물실험을 정의의 심판대 위에 올려보자.

동물실험에게 정의를 묻다

인간은 자신의 이익을 위해 동물을 도구로 한 실험을 해왔고, 지금도 하고 있다. 고대 그리스 히포크라테스로부터 현재에 이르기까지 동물실험은 의학기술, 유전공학기술, 우주공학, 뇌과학, 피부과학, 식품공학 등 다양한 기술 분야에서 광범위하게 시행되고 있으며, 매년 5억 마리 이상의 동물들이 실험에 이용되고 있다. 그런데 이 동물실험, 과연 옳은 것일까? 동물들은 심한 고통 속에 죽어가는데, 과연 이래도 되는 것일까?

우리는 흔히 인간의 생명을 살리기 위해서는 어쩔 수 없다고 생각하곤 한다. 약을 만들었는데 그게 효과가 있는지, 부작용은 없는지 알기 위해서 그걸 사람한테 실험할 수는 없으니까 말이다. 생각해보라. 과학자가 질병 치료제를 개발하고서 그걸 아무에게나 먹여 테스트한다면 어떨지. "어이 친구! 내가 약을 하나 만들었는데 한번 먹어볼래?"라고 말이다. 그러다가 그 약을 먹고 사람이 죽으면 "아, 죽는구나! 이 약은 실패야"라고 말하면 그만일까? 그건 있을 수 없는 일이고, 일어나서도 안 되는 일이다. 그러니까, 사람에게 먹여보기 전에 먼저 동물에게 시험해볼 수밖에. 일단 동물에게 시험해보고 이상이 없으면, 소수의 사람에게 임상시험을 거치고, 그래도 이상이 없으면 환자에게 직접 투약해보는 과정을 거쳐 치료제를 시판하는 것이다. 그러니 동물실험은 필요한 것 같다.

하지만 우리가 생각하는 것처럼 동물실험이 모두 다 사람의 생명을 위한 것만은 아니다. 생각보다 사소한 이익을 위한 동물실험도 많다. 예를 들어 화장품이나 샴푸, 구두약, 세제, 부동액, 스프레이, 잉크, 선탠오일, 양초 등 각종 상업용 제품을 테스트하기 위한 실험들도 있다. 이 실험들은 우리가 멋을 내고, 청소하고, 자동차를 타고, 촛불을 켜는 등 일상생활을 하는 데 사용되는 제품에 얼마나 독성이 있는지를 알아보기 위한 실험이다. 혹시라도 그 제품들이 일으킬 위험의 요소가 있는지를 측정하는 것. 이것으로 인간이 얻게 될 이익은 생명을 살리는 것만큼 큰 이익은 아닌 듯하다. 그런데 이에 비해, 동물이 실험 때문에 당하는 고통은 상당히 심각하다.

예를 들어 세제나 화장품의 독성을 알아보기 위해 토끼를 이용하는 실험을 살펴보자. 이 실험은 토끼를 플라스틱 통 속에 넣어 움직이지 못하게 한 후 머리만 내밀게 하여 2~3주간 세제 반죽을 토끼 눈에 붕대로 감아둔다. 토끼는 눈물을 흘리지 못하기 때문에 세제를 눈물로 씻어내리지 못하고 따가워도 긁지 못한 채 고통을 오롯이 당하게 된다. 당연히 눈에는 궤양, 염증이 생기고, 실명하게 되며, 결국에는 고통에 몸부림치다 목이 부러져 죽는다. 이외에도 동물의 털을 깎아 노출된 피부에 기름때 세척제를 분사하는 실험도 있고, 동물을 움직이지 못하게끔 틀에 고정한 채 담배 연기나 가스를 흡입하게 하는 실험 등도 있다. 실험과정에서 동물들은 염증, 저체온증, 호흡곤란, 구토 등을 일으키며 고통 속에 서서히 죽어간다.

동물실험 중에는 과학자의 지적 호기심을 해결하기 위해 실행되는 것들도 많다. 예를 들어 열, 냉동, 화상, 격리, 압박, 가속, 가열, 출혈, 채찍질, 처벌, 기아, 스트레스 등등을 동물에게 인위적으로 주어서 어떤 현상이 나타나는지를 관찰하는 거다. 열 실험의 경우에는 개들을 재갈을 물린 채 높은 습기를 동반한 섭씨 35도의 열에 노출시킨다거나, 섭씨 45도의 방에서 강제로 운동을 시킨다거나 하는 방식으로 실험을 한다. 그 결과 개들은 앞발로 나무로 된 벽을 긁고, 재갈을 벗으려고 머리를 흔들고, 공격적인 행동을 하며, 피를 토하고, 경련을 일으키다가 죽는다. 이 실험으로 동물들은 끔찍한 고통을 당하고 죽어갔지만, 인간이 얻은 이익이라곤 열이 비정상적으로 높아지면 체온을 낮춰야 한다는 것 정도밖에는 없다.

이 밖에도 동물에게 끔찍한 고통을 주는 실험은 많다. 마약이나 각종 약물에 일부러 중독시켜 어떤 반응이 나타나는지를 관찰하는 실험도 있고, 새끼 동물에게 엄마를 빼앗고 전기 충격기로 스트레스를 주면서 어떤 심리 상태가 되는지를 관찰하는 실험도 있다. 이 실험들은 이와 유사한 일을 겪은 사람만 관찰해도 충분히 알 수 있는 내용이지만 의학이나 심리학에서 계속되고 있는 실험들이다.

이렇게 우리가 얻는 이익이 그다지 크지 않으면서 동물에게 매우 가혹한 실험들이 생각보다 많은 듯하다. 그럼 인간의 생명을 살리기 위한 동물실험만 하면 되지 않을까? 그런데 동물에 대한 실험 자체가 인간에게 별로 도움이 되지 않는다는 주장도 있다. 왜냐면 인간과 동물은 유전적으로 서로 다르기 때문이다. 서로 달라서 동물에게 나타난 반응이 인간에게는 나타나지 않을 수도 있고, 반대로 동물에게는 전혀 나타나지 않은 반응이 인간에게는 나타날 수도 있다는 것이다.

실제로 그런 사례들이 많다. 예를 들어 동물실험에서 문제가 없었던 탈리도마이드(Thalidomide, 입덧 치료제)는 인간에게 숱한 기형을 일으켰고, 오프렌(Opren, 관절염 치료제)은 3500건의 부작용과 61명의 사망자를 만들었으며, 클리오퀴놀(Clioquinol, 지사제)은 1만 건의 부작용을 가져왔다. 그리고 인간에게 매우 유용한 약품인 인슐린(당뇨치료제), 아스피린(해열제), 페니실린(항생제) 등은 동물에게는 기형과 혈압 이상, 죽음을 불러온다. 만일 이약품을 동물에게 먼저 실험했다면 오늘날 인간이 이 유용한 약을 사용하게 되는 일은 없었을 것이다. 즉, 동물실험으로는 인체 반응을 정확하게 예측할 수도 없고, 동물실험을 토대로 질병을 연구하면 오히려 인간의 생명을 치유하는 데 방해가 될 수도 있는 것이다.

게다가 근래에 들어와서는 동물 대신 다른 것을 이용한 실험도 많이 개발된 상태다. 인간 세포와 조직을 이용해서 실험하는 것도 가능하고, 컴퓨터 시뮬레이션, 줄기세포 3D 배양을 통해 얻은 미니장기(organoid) 등을 이용한 실험도 가능하다. 그래서 동물실험보다는 대체실험을 해야 한다는 목소리가 점차 높아지고 있다.

그러나 여전히 동물실험은 필요하다고 주장하는 사람들도 많다. 동물과 인간의 유전자가 다르긴 하나, 동물실험을 통해 결핵이나 광견병, 콜레라, 암에 대한 치료법을 얻은 사례들이 분명히 존재하고, 대체실험은 생체조직과 장기 사이의 상호작용을 정확하게 재현하지 못한다는 단점도 있기 때문이다. 그래서 인간의 건강과 생명을 위해서는 동물실험은 어쩔 수 없이 필요하다는 목소리들도 존재한다.

어느 쪽의 목소리가 맞을까? 인간이 얻는 이익에 비해 동물이 심각한 고통을 당한다 생각하니 불쌍하다는 생각도 들고, 다른 한편으로는 그래도 우리 인간의 생명을 위해 필요하다는 생각도 든다. 그러면, 도덕적인 관점에서 볼 때는 어느 쪽의 목소리가 옳을까? 동물보다 인간의 이익을 더 생각하는 게 도덕일까? 아니면 동물의 고통도 존중하는 게 도덕일까? 과연, 동물실험은 도덕적으로 정의로운 것일까? 이제, 도덕의 관점에서 동물실험에게 정의를 묻기로 한다.

동물실험은 종차별이다!

피터 싱어(Peter Singer), 제임스 레이첼스(James Rachels), 톰 리건(Tom Regan), 리처드 라이더(Richard D. Ryder) 등은 동물실험이 정의롭지 않다고 비판한다. 동물실험은 일종의 '차별'이기 때문이다. 인종차별이나 성차별이 '인종', '성별' 때문에 가해지는 차별이라면 동물실험은. 그들에 따르면, 동물이 인간과 다른 '종'이라는 이유에서 가하는 차별이라고 한다. 그들은 이걸 '종차별(speciesim)'이라 부른다. 그리고 종차별은 인종차별이나 성차별과 마찬가지로 부당하다고 비판한다. 왜 그렇게 생각할까? 우선 인종차별, 성차별에 관한 이야기부터 시작해보자.

성차별과 인종차별이 나쁜 이유

테이블 위에 물 한 컵이 있다고 해보자. 그리고 흑인과 백인이

물을 마시려고 테이블에 모였다. 그런데 흑인에게는 그 물을 마시지 못하게 한다. "어디서 흑인이 감히!"라는 말과 함께. 이런 것을 우리는 인종차별이라고 한다. 이런 차별은 부당한데, 왜 부당한가? 우리가 흔히 하는 대답 가운데 하나는 흑인이나 백인이나 다 똑같은데 다르게 대우해서 그렇다는 것이다. 둘에게는 차이가 없는데 차별을 했다는 것. 성차별도 마찬가지 패턴이다. 그러나 인종차별주의자, 혹은 성차별주의자—예를 들어 토마스 테일러 (Thomas Taylor)—들은 이렇게 말한다.

> 백인(혹은 남성)이 흑인(혹은 여성)보다 지능이 높으니까 더 대우받아야 한다!

이러한 인종차별주의자의 주장에 대해 우리가 흔히 하는 반박은 이런 거다. "흑인(혹은 여성)이 백인(혹은 남성)보다 결코 지능이 낮은 게 아니다. 그러니까 차별하면 안 된다!" 그런데 이런 주장은 이 차별이 나쁜 이유를 제대로 보여주기에는 한계가 있다. 만일 정말로 흑인이 백인보다, 혹은 여성이 남성보다 지능이 낮다면 어떻게 할 것인가? 옛날부터 줄곧 이런 언쟁은 있었다. 흑인이 백인보다 여성이 남성보다 지능이 낮다, 아니다, 낮더라도 그건 환경 때문이다. 그런데 어느 날 과학자가 흑인 또는 여성에게 지능이 낮은 유전자가 있다는 사실을 밝혀낸다면 어떻게 해야 할까? 우리의 언쟁은 끝나는 것이고 더는 인종차별이나 성차별에

흑인이라고 해서, 여성이라고 해서, 지능이 낮다고 해서 물 한 잔도 못 마시게 하는 것은 차별이다. 이러한 차별이 부당한 이유는 무엇 때문일까?

대해 할 말이 없게 될 것이다. 그리고 또 하나의 더 큰 문제가 있는데, 흑인 혹은 여성의 지능이 낮은 게 아니므로 차별해서는 안 된다고 주장하는 건 "지능이 낮으면 차별해도 된다"라는 걸 인정하는 꼴이라는 거다. 우리가 흑인 혹은 여성의 지능이 낮은 게 아니라는 사실을 밝혀냈다고 해보자.—물론 낮은 게 아니라는 게 사실일 확률이 높다. 그럼 우리는 흑인이나 여성을 차별하는 일을 막을 수는 있을 것이다. 이제 그 테이블 위의 물은 흑인에게 금지되어서는 안 된다. 지능이 낮은 게 아니니까. 그런데! 그 테이블에 물을 마시러 뇌장애인이 온다면 어떻게 할까? 이번엔 지능이 낮은 뇌장애인에게 물 한 컵을 허락하지 않게 될 것이다. "어디서 뇌장애인이 감히!"라는 말과 함께. 이런 행위의 부당함은 어떻게 설명해야 할까?

이야기가 좀 길어졌는데, 요약하면 이러하다. 차별의 부당함은 이 사람과 저 사람이 '같은데' 다르게 대해서 발생하는 문제가 아니라는 거다. 생각해보면, 사실, 사람들은 다 다르다. 지능도 다르고, 능력도 다르고, 생김새도 다르고, 성격도 다 다르다. 즉, 평등은 이 사람과 저 사람이 똑같아서 주어지는 게 아닌 거다. 평등은 '달라도' 주어져야 한다.

피터 싱어는 프린스턴 대학의 생명윤리학과 교수. 타임지가 뽑은 '세계를 움직이는 가장 영향력 있는 인물 100인'에도 선정된 바 있는, 실천윤리학의 대가이다. 『실천윤리학』, 『동물 해방』, 『응용윤리』, 『효율적 이타주의자』등 많은 저서를 썼으며, 이 가운데 『동물 해방』은 동물권 운동의 지침서가 될 정도로 유명하다.

그러면, 구체적으로 뭐가 평등이고, 뭐가 차별인가? 싱어는 평등이란 "동일한 이익들에 대하여 동등한 비중을 두는 것"이라고 말한다. x와 y를 평등하게 대우한다는 건 x와 y의 동일한 이익을 동등한 비중을 두어 고려한다는 것이다. 즉, x와 y가 '달라도', 이익이 동일하면, 동등하게 고려하는 게 평등이라는 것. 평등을 위해서는 x와 y가 같은지, 다른지, 누구인지는 중요하지가 않다. x가 흑인이건, y가 여성이건, x가 y보다 지능이 낮건 높건 간에, 중요한 건 x와 y의 이익이 동일한가 여부이다. 즉, 평등은

기술에게 정의를 묻다

이 사람과 저 사람이 같아서 평등한 게 아니고, 이 사람과 저 사람의 '이익'이 같아서 평등한 것이다.

그럼, 이익이 같다는 건 무슨 뜻일까? 이익이란 자신이 원하고, 욕구하고, 관심 있어 하는 것이며, 자신에게 보탬이 되는 것을 말한다. x와 y 모두가 같은 것을 원하고, 관심을 가진다면 그건 동일한 이익이라 할 수 있다. 예를 들어 자아실현의 기회를 얻는 일에 대해 생각해보자. 자아를 가진 인간이라면 누구나 자아를 실현하길 원하고 꿈꾸며 바란다. 그러므로 자아를 실현할 기회를 얻는 건, 누구에게나, 여성에게든, 남성에게든 동일한 이익이라 할 수 있다. 반면에, 출산의 권리는 누구에게나 동일한 이익은 아니다. 출산할 능력이 없는 남성에게는 이것이 이익이 될 수가 없기 때문이다. 또한, 물 한 잔의 이익은 목이 말라서 그 물을 마시고 싶은 사람들에게는 동일한 이익이지만, 그 물을 먹고 싶지 않은 사람에게는 동일한 이익이 아니다.

이런 식으로, 이익은 동일할 수도 있고, 상이할 수도 있다. 그런데 만일 어떤 이익이 x와 y 모두에게 동일한 이익이라면, x와 y가 백인이건 흑인이건 간에, 그 이익은 동등한 비중을 두어 고려되어야 한다. 이런 게 바로 평등이다. 싱어는 이를 '이익 평등 고려의 원칙'이라고 부른다. 이 원칙을 어기는 것은 차별이며, 차별은 비도덕이다.

다시 물컵이 있는 테이블로 돌아가 보자. 인종차별, 성차별, 뇌장애인 차별은 왜 나쁜가? 싱어에 따르면, 그것은 사람들이 모두 같은데 다르게 대우해서가 아니라 사람들의 같은 이익을 상이하게 고려했기 때문에 나쁜 것이다. 흑인이나 백인이나 뇌장애인 모두에게 그 물이 동일한 이익이라면 인종, 성별, 지능과 상관없이 그 이익은 동등하게 고려되어야 한다. 이익은 누구의 이익이든지 간에 이익이기 때문이다. 그러나 그 테이블에서 동일한 이익인 물 한 잔은 흑인, 여성, 뇌장애인이라는 이유로 무시되고 배제되었다. 동일한 이익을 동등한 비중을 두어 고려하지 않고, 상이하게 처리한 것이다. 이것은 이익 평등 고려의 원칙을 어긴다.

그러니까 다시 정리하면, 인종차별과 성차별이 나쁜 이유는 동일한 이익을 평등하게 고려하지 않기 때문에 나쁜 것이다. 인종차별주의자는 인종을 이유로 동일한 이익들을, 이를테면, 영화관에 출입할 이익, 선거에 참여할 이익, 도구로 취급당하지 않을 이익 등을 차별하고, 성차별주의자는 성별을 이유로 대학입학, 취업, 노동, 모욕당하지 않을 이익 등을 차별한다. 누구에게나 영화관에 출입할 자유를 누리는 것은 이익이고, 모욕을 당하거나 도구로 취급당하는 것은 불이익인데, 이 동일한 이익과 불이익을 차별주의자들은 인종이나 성별에 따라 그 비중을 달리 두는 것이다. 백인의 이익은 중대하게 고려하고 흑인의 것은 사소하게 무시하는 것이다. 이것은 차별이며, 그러기에 비도덕이고, 나쁜 것이다.

종차별은 인종차별만큼 나쁘다!

평등이란, 싱어가 잘 설명해주었듯이, x와 y의 동일한 '이익'을 평등하게 고려하는 것이다. 그리고 이러한 평등의 원칙은 x나 y가 동물이어도 적용이 될 수가 있다. 왜냐하면, 이익만 같다면, x와 y가 달라도, x와 y가 누구이건 간에, 평등하게 고려되어야 하기 때문이다. 흑인과 백인이 다르고, 뇌장애인과 일반인이 다를지라도 그들의 동일한 이익을 평등하게 고려해야 하듯이, 사람과 동물이 다를지라도 그들의 동일한 이익은 평등하게 고려되어야 하는 거다. 평등에서 중요한 건, x와 y가 아니라, 그들의 동일한 '이익'이기 때문이다. 그러므로 동물이 이익을 가질 수 있다면, 그들도 평등이라는 도덕의 울타리 안에 들어올 수 있다고 볼 수 있다. 즉, 동물차별도 나쁜 게 되는 거다.

그런데, 동물이 이익이란 걸 가질 수 있긴 있는 걸까? 동물은 생각도 못하고, 뭐가 이익인지도 잘 모르는데? 그러나 싱어는 이익이란 게 꼭 이성적으로 생각하고 판단할 능력이 있어야만 가질 수 있는 건 아니라고 말한다. 싱어에 따르면, 최소한, 쾌고와 고통을 느끼는 능력인 '쾌고감수능력(sentience, 종종 감응력으로도 번역됨)'만 있어도 이익을 가지는 것이 가능하다. 왜냐면 쾌락과 고통을 느낄 줄 안다면, 적어도, 고통을 회피하고 쾌락을 추구하는 것과 관련된 이익을 가질 수 있기 때문이다. 즉, 이익을 가질 수 있는 최소한의 전제조건은 쾌고감수능력이라는 것.

돌과 동물을 비교해보자. 내가 길을 가다가 돌을 발로 찼다. 이 경우 나는 돌한테 불이익을 주었다고 볼 수 있을까? 돌이 이익을 가지거나 불이익을 당하려면 보탬이 될 만한 무언가에 대한 욕구가 있거나, 무언가를 원하고, 바라고 관심을 가질 수 있어야 한다. 그러기 위해서는 최소한 싫은 느낌과 좋은 느낌을 느낄 수 있어야 하는데, 돌은 그런 게 없다. 쾌고감수능력이 없기 때문이다. 쾌락도 고통도 없으니 싫은 것도 좋은 것도 원하는 것도 없는 거다. 즉, 돌은 이익을 가지지 않는다. 그러니 내가 돌을 발로 찼다고 해도 나는 돌에게 불이익을 주었다고 볼 수 없다. 돌은 아프지도 않고, 싫은 것도 아니고, 좋아하던 걸 잃은 것도 아니기 때문이다. 그러나 내가 만일 동물을 발로 찬다면, 이야기는 달라진다. 동물은 쾌고감수능력이 있기 때문이다. 동물은 아파서 소리를 지르고 고통스러워한다. 고통은 분명히 동물에게 불이익이다. 고통은 싫은 것이고, 바라지 않는 것이고, 피했으면 하는 것이기 때문이다. 즉 쾌고감수능력이 있는 한, 최소한 쾌락을 추구하는 것과 연관된 이익, 그리고 고통을 당하는 것과 관련된 불이익을 가질 수가 있다. 내가 동물을 발로 찬다면 나는 그에게 불이익을 가한 것이다.

그러니까, 돌이나 나무나 꽃과 같이 쾌고감수능력이 없는 존재들은 이익을 가질 수 없지만, 최소한 쾌고감수능력을 지닌 동물은 이익을 가질 수 있다는 것이다. 그러므로 싱어는 동물에게는 이익 평등 고려의 원칙이 적용될 수 있다고 본다. 동물의 이익도

평등하게 대우해야 한다는 것.

그러면, 동물에게 이익인 것들 가운데 인간과 동일한 이익은 어떤 게 있을까? 어렵지 않게 열거해볼 수 있을 것 같다. 예를 들면, 배고프면 먹고, 졸리면 자고, 배설하는 기본적인 욕구충족의 이익, 맞지 않을 이익, 피를 흘리지 않을 이익, 고통을 당하지 않을 이익 등이 이에 해당할 것이다. 인간에게도 동물에게도 배고 프거나, 고통스러운 것은 불이익이고, 쾌락을 얻고 고통을 피하는 것은 이익이 된다.

이렇게 인간과 동물 사이에는 동일한 이익이 존재한다. 그런데 이 동일한 이익을 동물이라는 이유에서 무시한다면, 이것은 비도 덕적인 차별이다. 그리고 그 대표적인 사례 가운데 하나가 동물 실험이다. 동물실험은 동물을 감금하여, 고정된 틀에 넣어 꼼짝 못 하게 한 채, 독극물, 세제, 약물 중독을 일으키고, 가열, 감압, 전기충격, 어미와의 격리 등 여러 가지의 끔찍한 고통을 주고 있기 때문이다. 동물실험은 고통이라는 불이익을 동물이라는 이유 에서 차별하는 종차별이다. 눈에 세제 덩어리를 넣는 건 인간에 게도 동물에게도 고통이고, 불이익이며, 그런 일을 당하지 않는 건 인간에게나 동물에게나 모두 같은 이익이다. 그런데 동물실 험은 그 이익을 종에 따라 그 비중을 상이하게 둔다. 인간의 이익 은 중요하게 고려하면서, 동물의 이익은 사소한 것으로 무시하는 것. 이것은 평등의 기본적인 윤리인, 이익 평등 고려의 원칙을 어 긴다. y의 이익과 동일한 x의 이익을 x가 동물이라는 이유로 상이

한 비중을 두어 무시하는 것이다.

이는 성별이나 인종을 이유로 같은 이익에 다른 비중을 두는 성차별이나 인종차별과 마찬가지의 잘못을 저지르는 것이다. 그래서 싱어나 레이첼스, 라이더 등은 종차별주의가 인종차별주와 마찬가지로 나쁜 것이라고 비판한다.

그래도 우리는 인간이니까 인간의 이익을 더 중요하게 생각해야 하는 거 아닐까? 그런데 싱어는 그런 식으로 생각하는 건, 인종차별주의자나 성차별주의자들에게 만연해있는 사고방식과 비슷하다고 지적한다. 싱어는 다음과 같이 말한다.

> 인종차별주의자들은 자신들의 이익과 다른 인종의 이익이 충돌하는 경우에 자신이 속한 인종의 이익에 더 큰 비중을 둔다는 측면에서 평등의 원리를 위배하고 있다. 성차별주의자들은 자신이 속한 성의 이익을 우위에 둠으로써 평등의 원리를 위배한다. 이와 유사하게 종차별주의자들은 자신이 속한 종의 이익이 다른 종의 더욱 커다란 이익에 비해 중요하다고 생각한다. 이 모든 경우에 문제의 패턴 자체는 동일하다. (피터 싱어, 김성한, 역, 『동물 해방』, 연암서가, 2012, 39쪽)

우리가 인간이니까 인간의 이익을 동물의 이익보다 더 중시하는 건, 인종차별주의자인 백인이 자신이 속한 백인의 이익을 더 중시거나, 성차별주의자가 자신이 남성이라서 남성의 이익을 더 크게 생각하는 거나 매한가지라는 것이다. 자신이 백인에 속한다는 이유로 다른 인종을 차별하는 것이 정의롭지 않은 거라면, 동물이 다른 종에 속한다는 사실만으로 고통을 주는 동물실험 역시 정의롭지 못하다고 보아야 할 것이다. 그래서 싱어를 비롯한 반종차별주의자들은 동물실험은 비도덕이며, 나쁜 것이라고 주장한다.

동물과 인간은 다르니까!

인종차별은 나빠도 종차별은 나쁜 게 아니다

그러나 반종차별주의자들의 주장과 달리 동물실험을 정의로운 것으로 생각하는 학자들도 있다. 예를 들어 칼 코헨(Carl Cohen)은 아예 대놓고 본인을 종차별주의자라고 부른다. 그리고 그는 종차별주의가 도덕적으로 올바른 견해라고 말한다. '종차별주의'에 '차별'이란 단어가 들어가 있어서 나쁜 것처럼 보이지만, 사실 종차별주의는 나쁜 게 아니라는 것. 즉, 인간을 차별하는 인종(성)차별은 도덕적으로 옳지 않지만, 동물을 차별하는 종차별은 옳다는 것이다. 그래서 그는 종차별주의가 인종차별주의와 비슷하다는 싱어의 주장은 형편없고 무례한 말장난에 불과하다고 비판한다. 그러면 코헨이 종차별을 옳은 것으로 보는 이유는 무엇 때문일까? 그의 대답을 옮겨보면 이러하다.

인종차별주의는 인간의 인종집단 사이의 어떤 도덕적으로 중요한 차이가 없으므로 매우 도덕적으로 부당하다. (중략) 그러나 살아 있는 생물 종들 사이에는─인간과 생쥐 사이에는─ 도덕적으로 중요한 차이가 크며 이는 보편적으로 인정된 것이다. (중략) 종차별주의는 옳은 행위를 위한 본질적인 요소다. (Cohen, C. & Regan T., *Animal Rights Debate*, Rowman & littlefield Pub., 2001, 62쪽)

그러니까, 인종차별주의는 백인이나 흑인, 유대인, 독일인과 같은 인종집단 사이에 도덕적으로 고려할 만한 차이가 없는데 차별을 가하는 것이기에 부당하지만, 종차별주의는 그런 게 아니라는 것이다. 종차별은 동물과 인간 사이에 중요한 차이가 존재하기 때문에 정당하다는 것. 생쥐와 인간 사이에는 차이가 있으므로 평등하게 대우할 필요가 없다는 것이다. 즉, 차이가 없는데도 차별하는 건 나쁘지만, 차이가 있어서 차별하는 건 나쁜 게 아니라는 것이다.

인간과 동물은 달라!

독자들 가운데에도 싱어의 주장에 대해 비슷한 반문이 드는 사람들이 있었을 것이다. "그래도 인간과 동물은 다르잖아?"라고. 코헨을 비롯한 몇몇 철학자들 역시 그렇게 생각했다. 동물과 인간은 차이가 있고, 그 차이가 바로 인간과 동물을 달리 대우해도 되게끔 하는 이유라는 것이다. 그럼, 동물과 인간 사이에 존재한다는 그 중요한 '차이'란 어떤 것일까?

근대 철학자 칸트는 그 차이를 이성적 능력으로 보았다. 인간은 동물과 달리 이성적인 존재이므로 인간만이 도덕적 지위를 가진다는 것이다. 이와 유사한 맥락에서, 코헨은 인간과 동물의 차이를 '도덕적 능력'이라고 본다. 인간은 도덕적 능력이 있기에 동물보다 더 존중받아야 한다는 것이다. 여기에서 도덕적 능력이란, 도덕적으로 성찰하고, 도덕적으로 행동할 수 있는 능력을 말한다. 인간에게는 이런 능력이 있다. 인간은 이성적이기 때문에 도덕에 대해서 성찰이라는 걸 할 수가 있다. 도덕이 무엇인지, 어떤 행동이 옳으며, 그른지를 생각하고, 이해할 수 있다. 그래서 이러한 성찰 덕분에 인간 사회에는 숱한 도덕적 원칙들이 존재한다. "살인하면 안 된다", "남에게 피해를 주면 안 된다", "때리면 안 된다", "거짓말은 나쁜 것이다" 등 이것들은 모두 도덕적 성찰의 결과다. 그리고 인간은 이러한 도덕적 성찰에 따라 행동을 할 수 있는 능력도 있다. 남의 것이 탐나더라도 빼앗지 않을 수가 있고, 때리고 싶어도 때리지 않을 수 있으며, 훔치고 싶어도 훔치지 않을 수 있다. 자신의 욕구가 도덕적으로 옳지 않으면 그 욕구를 이성적으로 억누를 수 있는 능력이 있는 것이다. 인간은 도덕적으로 성찰하고 그 성찰에 따라 행동을 할 수 있는 존재다.

그런데 동물은 어떤가? 동물에게는 그런 능력이 없다. 이성적 능력이 없기에 '정의', '옳음', '도덕'과 같은 추상적인 사고를 할 수가 없다. 당연히 동물은 도덕이 무엇인지 모르고, 도덕적 원칙도 만들 수가 없으며, 도덕적으로 행동을 할 수도 없다. 도덕이 뭔지 모르는데 그런 행동을 어떻게 하겠는가? 동물은 그저 욕구대로 행동한다. 먹고 싶으면 먹고, 자고 싶으면 자고, 포식자가 나타나면 도망갈 뿐이다. 종종 훈련을 통해 금지된 것을 하지 않을 수는 있지만, 인간처럼 도덕적 성찰에 따라 자신을 규제할 능력은 없다.

인간은 도덕을 이해하고, 도덕을 실천할 능력이 있는데, 동물은 그런 능력이 없는 거다. 동물은 욕구대로 빼앗고, 해치고, 죽인다. 물론 인간도 종종 남의 것을 빼앗고, 죽이지만, 그 경우 인간은 '죄'를 지은 게 된다. 왜냐면 도덕적으로 행동할 능력이 있었음에도 그걸 저버렸기 때문이다. 그러나 동물은 '죄'를 지을 수조차 없다! 동물은 도덕이 무엇인지도 모르고 도덕적으로 행동할 능력도 없기 때문이다. 한마디로 말해서, 동물은 도덕하고는 아무런 상관이 없는, 도덕과는 무관한 종인 셈이다.

이렇게 인간과 동물은 차이가 있다. 그래서 코헨은 이러한 차이 때문에 인간은 권리를 가지지만, 동물은 권리를 가질 수가 없다고 말한다. 권리란 하나의 타당한 '도덕적 주장'인데 동물은 도덕이 무엇인지 이해할 수도 없고, 행사할 수도 없기 때문이다. 코헨은 동물이 쾌고감수능력이 있으므로 이익이나 불이익을 느낄 수 있다고 해서 우리가 그들에게 이익을 주거나 불이익을 피하도록 해줄 의무는 없다고 말한다. 왜냐면, 동물은 이익이나 불이익을 느낄 수는 있지만, 그렇다고 이익을 가지거나 불이익을 피할 권리 같은 건 없기 때문이다. 동물에게 생존은 이익이지만, 생존에의 권리는 없으며, 피 흘리는 고통이 불이익이지만, 그걸 당하지 않을 권리는 없다는 것이다. 왜냐면, 동물은 도덕과 상관이 없는 종이기 때문이다.

그러니까, 코헨의 생각을 정리하면 이러하다. 인간은 도덕적인 능력을 지녔기에 권리—이를테면 자유로울 권리, 간섭받지 않을 권리, 고통을 당하지 않을 권리, 살 권리, 행복을 추구할 권리 등—를 지니지만, 도덕과 무관한 종인 동물은 그러한 권리를 갖지 않는다. 인간과 동물은 완전히 다른 차원의 존재인 것이다. 따라서 인간은 동물보다 더 존중받아야 하며, 인간의 건강과 생명, 행복을 위해 동물을 실험에 이용하는 것은 정당한 것이라 할 수 있다.

코헨뿐 아니라 동물실험을 옹호하는 대부분의 종차별주의자들도 같은 논리로 주장을 펼친다. 이성, 합리성, 상호 계약 가능성 등 인간의 능력을 근거로, 인간이 더 소중하게 대우받아야 하며, 동물을 실험에 이용해도 괜찮다고 주장하는 것이다. 한마디로 말해서 인간은 동물보다 뛰어난 능력을 지녔고, 그러기에 존엄하게 대우받을 권리가 있다는 것. 그러므로 종차별주의자들은 인종을 근거로 인간을 차별하는 인종차별주의는 부당하지만, 종을 근거로 동물을 차별하는 건 부당한 게 아니라고 주장한다.

이러한 종차별주의자들의 주장은 옳은 것일까? 논쟁은 아직 끝나지 않았다. 이제, 반종차별주의자들의 반론을 들어보자.

동물과 인간이 다르다고?

싱어나, 리건, 레이첼스 등은 인간과 동물의 차이를 근거로 동물실험이 정당하다고 보는 종차별주의자들의 주장은 심각하게 잘못된 것이라고 비판한다. 그들의 반론을 들어보자.

그러면 아기는?

우선, 싱어는 동물이 도덕적 능력이 없어서 권리를 가질 수 없다면, 몇몇 인간들도 권리를 가질 수 없게 된다고 비판한다. 왜냐면, 그런 능력이 없는 인간들도 있기 때문이다. 아기를 한번 생각해보자. 아기에게 도덕적 능력이 있는가? 아기는 먹고 자고 울고 웃고 욕구에 따라서만 행동한다. 아기는 도덕이 무엇인지도 모르고, 그걸 이해할 수도 없고, 도덕적으로 행동할 줄도 모른다. 심지어 오늘이 오늘인지, 내일이 내일인지도 모른다. 도덕적 능력이 있으려면 이성적 능력이 있어야 하는데 아기에게는 그런 능력이 없다. 식물인간이나 심각한 뇌장애인도 마찬가지. 식물인간은 호흡만 가능하고 뇌장애인은 인지 능력이 낮아 추상적인 도덕적 성찰을 하기가 어렵다. 코헨의 주장대로 동물이 도덕적 능력이 없어서 권리를 가질 수 없다면, 아기나 식물인간, 뇌장애인도 권리를 가질 수 없다고 보아야 할 것이다. 그럼 이들을 실험실로 데려가야 할까?

아기도 도덕적 능력이 있다고 볼 수 있지 않을까? 어른을 기준으로 보면 아기의 능력이 한참 떨어져 보이긴 하지만, 아기를 기준으로 보면 다른 이야기가 가능하다. 아기의 울고 웃는 능력도 이성적 능력이라면 능력이라 할 수 있기 때문이다. 힘들면 울음으로 표시하고, 누군가 어르면 웃을 수 있는 이 능력은 아무런 반응도 할 수 없는 소나무나 코스모스보다는 월등히 큰 이성적 능력이다. 만일 이 정도 수준의 능력을 타인과 상호작용하는 가장 기초적인 도덕적 능력이라고 보면 어떨까? 그렇다면, 아기나 뇌장애인도 권리를 가진다고 볼 수 있을 것이다. 그러나 이것이 권리의 기준이라면, 싱어에 의하면, 더더욱 동물실험은 정당화될 수가 없다. 왜냐면 아기보다 이성적이고 도덕적인 동물들이 생각보다 많기 때문이다.

강아지나 침팬지, 돌고래 등을 생각해보라! 아기보다 기억을 더 잘하고, 지시를 더 잘 따르며, 작업도 더 잘 완수하고, 사람과 더 잘 상호작용한다. 특히 침팬지는 사회를 이루어 살아가기까지

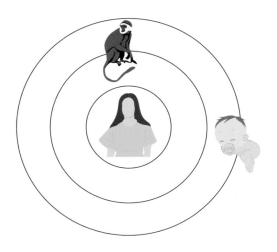

도덕적 능력이 큰 순서대로 원의 중심에서부터 가장자리로 줄을 세우면 그림에서 보는 것처럼 성인 인간이 가운데에 그리고 가장 가장자리에 인간인 아기 그리고 그보다 원의 안쪽에 침팬지나 돌고래가 자리를 차지할 것이다.

한다. 갓난아기는? 귀엽지만, 솔직히 이런 능력이 동물들보다는 떨어진다. 동물이 아기보다 이성적이고, 도덕적이다.

만일, 누군가가 하나의 크고 동그란 원을 그려 원의 중심에서부터 바깥쪽으로 이성적 능력이나 도덕적 능력이 높은 순서대로 줄을 세운다면, 아쉽게도 침팬지가 아기보다 원의 중심에 더 가까운 곳에 서게 될 것이다. 원의 중심부에는 평범한 성인 어른이, 그다음으로 침팬지, 돌고래, 강아지가, 그리고 아마도 원의 중심에서 가장 먼, 원의 가장자리에 아기나 뇌장애인 등이 오게 될 거다. 이성이든, 도덕적 능력이든, 합리성이든, 사회성이든, 언어적 능력이든 패턴은 똑같다.

코헨을 비롯한 종차별주의자들의 주장대로 인간의 능력이 뛰어나서 권리를 가지는 것이라면, 이 동그란 원에서 권리의 경계선은 아기가 위치한 곳에 그어져야 할 것이다. 그래야 모든 인간이 권리를 가지게 될 테니까. 그러나 그렇다면 침팬지, 강아지, 돌고래가 권리를 가지지 않을 이유가 없다. 그들은 그어진 경계선보다 더 안쪽에 들어와 있기 때문이다. 아기에게 권리가 있다면 동물들에게도 권리가 있어야 하는 거다.

그러니까, 코헨 등의 종차별주의자들이 주장하는 인간의 능력이란 것이 성인 어른의 수준이면, 동물뿐 아니라 아기에게도 실험당하지 않을 권리는 없다고 봐야 하고, 아기 정도의 수준이면 동물에게도 그 권리는 있다고 보아야 한다. 그런데도, 코헨 등의 종차별주의자들은 특정 능력을 근거로 동물의 권리는 배제하면서 동물보다 그 능력이 떨어지는 아기의 권리는 인정한다. 이것은 논리적으로 일관성이 없다. 그리고 논리적 비일관성은 논증이 타당하지 않음을 보여주는 가장 큰 결함이다.

일관성을 지키려면, 둘 중 하나만 해야 한다. 동물실험을 지지하는 대신 아기의 권리를 포기하든가, 그게 싫으면 동물실험을 포기하고 아기의 권리와 동물의 권리를 모두 인정하든가. 방법은 두 가지! 당연히 후자의 방법을 선택해야 하지 않겠는가?

싱어는 모든 인간이 지녔으나 동물에게는 없는, 그런 특성은 없다고 말한다. 아기인 인간이 지닌 특성은 동물들도 지니고 있기 때문이다. 그러므로 싱어는 아기를 포함하여 모든 인간을 평등하게 대우하려면 동물도 평등의 울타리 안으로 들어오게 해야 한다고 본다. 동물을 배제하는 순간 아기도 배제되어야 하기 때문이다. 아기를 구하려면 어떻게 해야 하겠는가? 싱어는 종차별주의자들이 동물이 인간과 달라서 차별해야 한다고 주장하는 한, 아기를 구할 방법은 없다고 본다.

도덕적 능력이 뭔 상관인데?

다음으로, 리건과 레이첼스는 코헨 등의 종차별주의자들이 제시하는 도덕적 능력이 동물실험을 옹호할 근거가 될 수 없다고 비판한다. 왜냐면 그 능력과 동물실험은 아무런 상관이 없기 때문이다.

도덕적인 능력과 실험의 고통이 무슨 상관이 있는가? 도덕을 이해할 능력이 없으면 눈에 잉크를 퍼부어도 되는 것일까? 레이첼스는 인간과 토끼 사이에 도덕적 능력의 차이가 있다는 것은 사실이지만, 그 차이가 실험 여부를 결정할 근거는 될 수 없다고 말한다.

예를 들어 이런 경우를 생각해보자. A와 B가 모두 같은 대학에 가고자 하는데, 그 대학은 A가 아닌 B만 합격시켰다. A와 B 사이에는 '차이'가 있었기 때문이었다. 대학의 이런 결정을 정당하게 만들어 주는 그 차이란 건 어떤 것일까? 이 질문은 그리 어려운 질문이 아니다. 그 차이는 A와 B의 학업능력(수학능력, 학교 생활

능력 등등)의 차이라 할 수 있다. 그러므로 학업능력을 측정한 결과, B가 A보다 점수가 더 높아서 B만 합격시키고 A는 불합격시켰다면 대학 측의 처사는 정당하다 할 수 있다. 그러나 대학에서 A와 B의 피부색이나 성별, 외모, 재산의 차이를 근거로 합격과 불합격을 결정했다면 어떨까? 당연히, 그건 분명히 부당한 처사라할 수 있다. 왜냐면 대학 합격 여부는 피부색, 성별, 외모, 재산과는 상관이 없는데 이를 근거로 A와 B를 달리 대우하고 있기 때문이다. 이렇게 관련성이 없는 기준으로 A와 B를 달리 대우하는 것은 정당하지 않다.

실험도 마찬가지다. A와 B 가운데 누구에게 고통을 유발하는 실험을 피하도록 할 것인가를 결정할 때 고려되어야할 기준은 이와 연관된 기준이어야 한다. 피 흘리게 하고, 염증을 일으키는 고통을 줄 건데, 이런 일을 당하지 않도록 배려해야 하는 대상이 지녀야 할 능력은 뭐겠는가? 당연히 고통을 느끼는 능력이다. A와 B의 실험 여부는 쾌고감수능력과 상관이 있는 것이다. 도덕적 능력이나 피부색, 성별, 외모, 재산 따위는 고통을 피하도록 배려하는 것과는 상관이 없다. 피부색이 어떠하든, 외모가 어떠하든, 도덕적 능력이 어떠하든 고통은 고통일 뿐이기 때문이다.

도덕적 능력은 도덕적 입법을 제안하거나, 윤리강령을 만드는 일을 할 때라면 모를까, 실험과는 상관이 없다. 그래서 리건은 코헨이 '무관함의 오류'를 범하고 있다고 비판한다. 관련이 없는 것을 근거로 고통의 불이익을 차별해도 된다고 논하고 있기 때문

이다. 리건은 도덕적 능력을 근거로 실험대상을 결정해도 된다면, 우편번호를 근거로 직장의 연봉을 결정해도 되고, 엄지손가락 크기순으로 대학 합격을 결정해도 될 것이라고 말한다. 우편번호나, 엄지손가락이나, 도덕적 능력이나, 관련이 없기는 마찬가지라는 것. 엄지손가락 크기로 대입을 결정하는 거나, 도덕적 능력으로 실험을 결정하는 거나 뭐가 다른가?

따라서 리건, 레이첼스 등의 철학자들은 코헨이 제시한 도덕적 능력의 차이는 종차별을 정당한 것으로 만들지 못한다고 비판한다. 코헨이 떠받드는 그 도덕적 능력은 토끼나 돼지를 도덕적 입법을 논하는 회의실에 들어가지 못하게 하는 근거가 될 수는 있지만, 그들에게 실험의 고통을 가하는 근거가 될 수는 없다는 거다.

레이첼스는 처우에서의 모든 차이를 정당화시키는 존재들 간의 '하나의' 커다란 차이는 존재하지 않는다고 말한다. 왜냐면 A와 B를 어떻게 처우할지를 결정하는 것은 처우의 종류마다 다를 수 있기 때문이다. 예컨대 A와 B의 수영 실력의 차이는 수영 대회에서의 수상 여부를 결정하는 기준이 될 수는 있지만, 대학입시에서 철학과의 합격 여부를 결정하는 기준이 될 수는 없다. 즉 무수하게 많은 상황에서 처우의 차이를 결정하는 것은 한 가지 능력으로 환원될 수 없는 것이다. 레이첼스는 코헨 등의 종차별주의자들이 이러한 사실을 간과하고 있다고 비판한다. 종차별주의자들은 A와 B의 능력 차이 한 가지를 근거로 언제나 A가 B보다 더 존중받아야 한다고 주장하기 때문이다. 도덕적 능력이나 이성적 능력의 차이 하나로 인간은 언제나 동물보다 더 존중받아야 한다는 거다. 이러한 주장은 A와 B의 인종 차이 하나가 대학입학, 취업, 선거권, 신체불가침권 등, 그들 사이의 모든 처우의 차이를 정당화한다는 인종차별주의와 여전히 유사하다.

따라서, 싱어나 리건, 레이첼스 등은 여전히 종차별주의는 인종차별주의만큼이나 정의롭지 않다고 비판한다. 동물과 인간이 다르다고 고통을 가해도 된다는 주장은 논리가 비일관되고, 무관함의 오류를 범하며, 이익 평등 원칙을 어기는 논리적으로나 도덕적으로나 정당하지 않은 주장이라는 것이다.

이에 대해 코헨을 비롯한 종차별주의자들은 어떻게 대답할까?

인간에 속하니까!

아기는 인간 부류에 속하니까!

    도덕적 능력이 없다는 이유로 동물을 실험할 수 있다면 아기도 실험의 대상이 될 수밖에 없다는 싱어의 비판에 대하여, 코헨은 되려 싱어가 핵심을 놓치고 있다고 반박한다. 코헨은 아기나 뇌 장애인, 식물인간 등은 권리를 가질 수 있으나 동물은 권리를 가질 수 없는 이유가 있다고 말한다.

    그 이유는, 코헨에 따르면, 아기나 뇌장애인, 식물인간 등이 인간이라는 종류(kind)에 속하기 때문이다. 아기는 태어난 지 얼마 되지 않아 아직 도덕적인 능력을 수행하지 못하고, 식물인간이나 뇌장애인은 사고로 인해 그 기능이 쇠퇴하였지만, 이들은 모두 인간류에 속한다. 즉, 이들은 인간의 보편적인 특징인 도덕적 능력은 없지만, 인간과 같은 종류인 것이다.

그리고 코헨은 그것이 아기가 권리를 가질 수 있는 이유라고 말한다. 왜냐면 아기가 속해 있는 그 인간이라는 종류는 권리를 가지기 때문이다. 즉, 인간은 보편적으로 도덕적 능력이 있고, 그래서 권리를 가지는 그런 부류인데, 이 부류에 아기나 뇌장애인, 식물인간이 소속되어 있다는 것이다. 따라서 그들도 권리를 가진다는 것. 그러나 강아지나 침팬지, 돌고래 등이 속한 동물의 부류는 도덕적 능력이라는 특성이 없으며, 권리를 지니지 않는다. 따라서 그들은 아기와 달리 권리를 가질 수 없다. 코헨은 바로 이것이 아기와 침팬지의 차이라고 본다. 아기는 권리를 가진 부류이고, 침팬지는 권리를 가지지 못한 부류라는 것이다.

코헨은 아기와 토끼가 다른 종류에 속하기 때문에 아기에게는 권리가 있고, 토끼에게는 권리가 없다고 본다.

말하자면, 아기는 일종의 인간 멤버십에 가입된 회원인 셈이다. 같은 멤버십에 가입된 회원은 다 똑같은 권리를 누릴 수 있다. 인간 멤버십은 실험을 피할 권리의 특혜를 누리는 멤버십이다. 따라서 그 멤버십에 속한 아기는 도덕적 능력이 없어도 실험을 피할 권리를 누리는 것이다. 그러나 강아지, 돼지, 원숭이, 돌고래와 같은 동물들은 인간 멤버십의 일원이 아니므로 그런 권리를 누릴 수 없다. 그러므로 우리가 동물을 실험에 이용하는 건 정당하지만, 아기에게 실험을 감행하는 건 부당한 것이다. 왜냐면 각자가 속해 있는 멤버십이 다르니까. 한마디로 말해서 동물과 아기는 멤버십의 종류가 다르기에 차별은 정당하다는 것이다. 코헨은 싱어의 비판이 이 '종류의 차이'를 간과한, 잘못된 비판이라고 본다.

우리는 같은 종이니까!

로버트 노직(Robert Nozick)은 인간은 서로 같은 종이기 때문에 다른 종보다 더 특별한 대우를 하는 게 당연하다고 주장한다. 노직은 이렇게 말한다.

특별한 존경을 요구하게 만드는 것은 오로지 인간이라는 종(specie)에 있다. 이것은 어떤 종의 구성원들이 다른 종의 구성원보다 자신들의 동료들에게 비중을 두는 것이 정당할 수 있다는 일반 원칙의 한 사례다. 사자들이 도덕적 행위자라면 사자들 또한 다른 사자를 우선으로 고려한다는 이유로 비난 받지는 않을 것이다. (Nozick, R., "About Mammals and people" *The New York Times Book Review*, 27, nov., 1983, 29쪽)

그러니까, 인간은 인간종이기 때문에 특별히 존중되어야 하고, 우리는 같은 인간종인 동료들을 더 배려하는 것이 옳다는 것이다. 자신과 같은 종의 구성원을 더 존중하는 게 자연스러운 일이기 때문이다. 사자가 사람이 아닌 다른 사자를 더 배려한다고 해서 "저런 나쁜 행동을 하다니!"라고 말할 사람은 없다. 그건 너무나 당연한 일이기 때문이다. 인간이 같은 인간을 더 배려하는 것도 마찬가지다. 그건 팔이 안으로 굽는 것만큼 자연스러운 것이다. 예를 들어 아기와 원숭이가 동시에 물에 빠졌다고 해보자. 우리는 누구를 구하게 될까? 당연히 아기를 구할 것이다. 왜냐면 같은 인간이니까! 같은 종을 더 배려하는 건 당연한 거다.

그러므로 노직은 아기가 도덕적 능력이나 이성적 능력, 상호 계약 가능성, 언어적 능력 등이 부족할지라도 동물과 달리, 특별히 존중되어야 한다고 본다. 왜냐면 같은 인간 종이기 때문이다. 동물보다 아기를 특별대우하는 게 옳다는 것이다.

독자들은 이들, 종차별주의자들의 주장에 동의하는가? 동물은 인간종이 아니기에 고통을 주어도 되고, 인간 부류에 속하지 않

기 때문에 권리가 없는 것일까? 이제, 반종차별주의자들의 대답
이 궁금하다. 그들의 이야기를 들어보자.

이상하고 나쁜 논리!

싱어, 리건, 노비스, 레이첼스 등은 앞에서 살펴본 코헨과 노직의 주장이 논리적으로나 윤리적으로 옳지 않다고 비판한다. 논리적으로도 이상하고, 도덕적으로 나쁜 논리라는 것이다. 우선 코헨의 주장에 대한 비판부터 살펴보자.

'속하니까' 논리의 오류

코헨은 도덕적 능력이 있어야 권리를 가진다고 주장하면서, 아기는 도덕적 능력이 없어도 아기가 '속해 있는' 인간이라는 부류가 보편적으로 도덕적 능력이 있으니, 권리를 가진다고 주장한다. 이 이야기는 결국, 아기는 특정 능력이 없어도 아기 외의 다른 사람들이 그 능력을 지니면, 권리를 가진다는 논리다. 이런 코헨의 주장을 기호를 이용하여 형식화해보자. 도덕적 능력을 M, 권리를 R, 부류를 K, 어느 누군가를 x로 표시하면 코헨의 논리는 다음과 같이 정리된다.

특성 M을 가지는 존재는 R을 가진다고 할 때, x는 M을 가지지 않아도 그가 속해 있는 집단(종류) K의 다른 대부분의 일원이 M을 지니면, R을 지닌다.

코헨의 논리는 옳은가? 네이선 노비스(Nathan Nobis)는 이 논리를 그대로 따르면, 오히려, 인간이 권리를 가지지 않는다는 결론도 가능하다고 비판한다. 도덕적 능력이 없으면 권리가 없다고 할 때, 인간이 도덕적 능력이 있어도 그가 '속해 있는' 집단의 다른 대부분의 일원이 도덕적 능력이 없으면 권리를 가질 수가 없기 때문이다. 예를 들어 인간은 태양에서 멀리 떨어진 지구 위에서 살아간다는 점에서 '지구상 위의 존재'라는 종류(K)에 속한다. 인간(x)은 화성에서 살아가는 부류가 아니라, 지구 위에 살아가는 그런 부류에 속한다. 그런데 지구상 위의 존재들인 나무, 돌, 강, 바다, 동물들은 대부분 도덕적 능력(M)이 없다. 그러면, 코헨의 논리에 따라, 인간은 권리(R)를 가질 수 없다는 결론이 나온다. 인간은 도덕적 능력이 있지만, 그가 속한 지구 위의 대다수 존재는 도덕적 능력이 없기 때문이다.

이게 말이 되는가? 그러나 코헨의 논리를 적용하면 이런 결론은 얼마든 가능하다. 인간은 인간 부류에만 속한 게 아니라, 지구상 위의 존재라는 부류에도 속하며, 포유류에도 속하고, 크게 보면 동물에도 속한다. 어떤 부류에 '속하는가'에 따라 인간의 권리는 천차만별 달라지는 것이다. 이러한 논리가 논리인가? 그래서 노비스는 코헨의 논리가 설득력이 없다고 비판한다.

다음으로, 리건은 코헨의 논리 자체가 오류라고 말한다. 코헨은 인간이라는 집단(K)의 특성을 개인인 아기(x)의 특성으로 규정하는데, 이게 바로 논리적 오류라는 것이다. 왜냐면 집단에서 나타난 특성이 반드시 그 집단에 속한 개인에게도 나타난다는 보장은 없기 때문이다. 예를 들어 미국인이 야구를 좋아한다는 게 보편적인 특성이라고 해보자. 그러면 내가 내일 만날 미국인도 야구를 좋아할까? 반드시 그러하다는 법은 없다. 미국인이 보편적으로 야구를 좋아하는 건 사실일 수 있지만, 그렇다고 미국인 개개인 모두가 다 야구를 좋아하는 건 아니기 때문이다. 내가 만나게 될 미국인 잭슨은 야구를 좋아할 수도 있고, 싫어할 수도 있다. 그런데도 '그가 미국인이니까 당연히 야구를 좋아하겠지?'라고 생각하는 건 논리적인 오류다. 또 다른 예를 들어보자. 합창단의 목소리가 기타반주 소리보다 크다면, 합창단원 개인의 목소리도 기타반주 소리보다 크다고 할 수 있을까? 그럴 확률은 낮다. 합창단 전체의 목소리 크기는 단원들의 목소리를 다 합한 것이기 때문이다. 어떤 단원은 기타반주 소리보다 목소리가 클 수도 있지만 다른 단원은 목소리가 작을 수도 있다. 합창단 전체의 목소리와 개인 단원의 목소리는 전적으로 같은 게 아니다. 그런데도

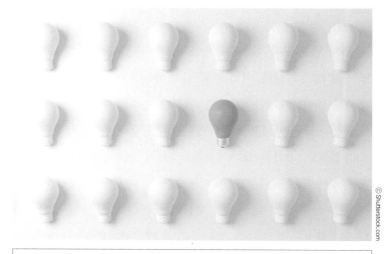

한 집단에 속해 있어도 개인의 특성은 집단 전체의 특성과 다를 수 있다.

전체의 특성으로 개별의 특성을 예단하는 건, 오류에 해당한다.

그런데도 종종 우리는 집단의 특성을 근거로 개인의 특성을 규정하는 실수를 범하곤 한다. 미국인은 이러저러하니 이 사람도 그렇겠지? 이 아이는 어느 합창단원이니까 이러이러하겠지? 저사람은 어느 대학을 나왔으니까 이러이러하겠지? 하면서 말이다. 그런 추론은 우연히 맞을 때도 있지만 틀릴 때가 더 많다. 왜냐면 이건 오류이기 때문이다.

다시 정리하면, 집단의 특성을 근거로 집단에 속한 개인의 특성을 유추하거나 규정하는 것은 논리적 오류에 해당한다. 이런 오류를 뭐라고 부르냐면 '분해의 오류'라고 부른다. 전체의 특성은 전체의 특성일 뿐인데, 이걸 분해해서 개별의 특성으로 규정하는 걸 분해의 오류라고 부른다. 리건이 지적한 대로, 코헨의 주장 역시 분해의 오류에 해당한다. 코헨은 인간이라는 전체의 특성을 개인인 아기의 특성으로 규정하기 때문이다. 인간 집단이 권리가 있으니까 여기에 속한 아기나 뇌장애인도 권리를 가지며, 동물 집단은 권리가 없으므로 침팬지나 돌고래도 권리가 없다고 규정한다. 덕분에 코헨이 권리의 기준으로 내세웠던 도덕적 능력은 물 건너가고 아기가 어디에 속하는가만 중요한 근거가 된다. 그러나 앞에서도 살펴보았듯이 이러한 논증은 분해의 오류에 불과하다. 누군가가 어딘가에 '속한다고'해서 그 특성을 가지는 건 아니기 때문이다. 스티브가 미국인에 속한다고 해서 야구를 좋아한다거나, 순이가 합창단원에 속한다고 해서 목소리가 크다고 주장하는 것이 오류인 것처럼 아기가 인간에 속하고, 침팬지가 동물에 속한다고 해서 권리가 있거나 없다고 말하는 것 역시 오류인 것이다. 즉, 인간 집단이나 동물 집단의 특성을 근거로 아기나 침팬지의 권리 유무를 주장할 수는 없는 거다. 따라서 아기에게 권리를 주고 싶다면, 코헨은 분해의 오류 말고 다른 방법을 제시해야 할 것이다. 인간에 '속하니까'라는 오류 대신, 동물의 권리를 인정하는 게 더 나은 방법이 아닐까?

이제, 싱어의 비판을 들어보자. 앞에서 노비스와 리건이 코헨의 주장은 이상한 논리이고 오류임을 지적했다면 이제, 싱어는 코헨의 논리가 지니는 도덕적 부당함에 대해 비판한다. 자, 잘 생각해보자. 코헨의 논리는 다음과 같은 상황을 허용하는 것이다.

수학 점수가 90점 이상이면(M) 특수학교 입학 허가권(R)을 가질 수 있다고 해보자. 학생 x는 70점을 받았지만, x가 속한 K 학교의 대다수 학생은 90점 이상을 받았다. 코헨의 논리에 따르면, x는 해당 점수를 받지 않았음에도 불구하고 K 학교 재학생이라는 이유로 입학 허가권을 가질 수 있게 된다. 이것은 정당한 것일까? 이것은 x를 x의 능력이 아닌 소속 집단의 우수성에 대한 편견으로 판단하는 부당한 처사다. 사실, 이런 논리는 인종차별이나 성차별에서도 자주 사용된다. 예를 들어 특정 직장에서 이성적인(M) 사람을 회사원으로 고용(R)하고자 한다고 해보자. x는 남성이라는 부류(K)에 속하고, 이성적이지 못하다. 그러나 남성이라는 부류는 이성적이라 규정된다. 따라서, 남성에 속한 x는 회사원으로 고용된다. 반면에 이성적인 여성 y는 남성에 속하지 않으므로 고용되지 못한다. 코헨의 논리를 그대로 따르면 이러한 일이 허용된다. 그러나 이런 게 바로 성차별이며, 성차별은 도덕적으로 부당한 것이다.

그러니까 개인을, 그들의 자질이 아닌 그가 속한 집단의 자질에 따라 판단하는 것은 도덕적으로 옳지 않다. 그런데 코헨은 그걸 하자고 제안하는 것이다. 코헨의 논리는 이상할 뿐 아니라 나쁜 논리인 것! 이런 논리로 인종차별이나 성차별을 하는 게 부당하다면, 같은 논리로 동물을 차별하는 것도 부당하다고 보아야 할 것이다. 코헨은 도덕적 능력이 권리의 기준이라면서 그 능력을 지니지 않은 아기는 인간에 속하니까 권리를 가지고, 그보다

기술에게 정의를 묻다

더한 능력을 지닌 침팬지는 인간에 속하지 않으므로 권리를 가지지 못한다고 주장한다. 이것은 능력과 상관없이 여성이 남성에 속하지 않아서, 흑인이 백인에 속하지 않아서 권리를 가지지 않는다는 주장과 같은 것이다. 집단의 특성을 근거로 하는 성차별이나, 집단의 특성을 근거로 하는 종차별이나 뭐가 다른가! 둘 다 부당한 것이다.

이 논쟁의 처음으로 잠시 돌아가보자. 코헨은 인종차별은 나쁜데 종차별은 옳은 것임을 증명하고자 인간이 지닌 '도덕적 능력'에 호소하였다. 그러나 침팬지보다 그 능력이 떨어지는 아기라는 문제가 생겼고, 이를 해결하기 위해 인간에 '속하니까'라는 논리를 펼쳤다. 그러나 이제, 이 논리는 다시, 남성 혹은 백인에 '속하니까'라는 논리와 똑같다는 문제에 부딪힌다. 다시 처음의 문제로 되돌아온 셈이다. '인간에 속하니까'라는 논리는 정당하고 '백인에 속하니까'라는 논리는 부당한 이유가 있는가?

왜 인간종인가?

마지막으로, 노직에 대한 비판이 남았다. 노직의 주장은 우리가 같은 종이니까 더 챙기는 건 자연스럽고 정당하다는 이야기였다. 우리는 하나라는 것. 코헨과 차이가 있다면 코헨이 부류, 종류에 호소하는 반면, 노직은 생물학적 종에 호소한다는 점이다. 아기는 생물학적으로 우리와 같은 인간종이어서 특별히 존중받아

제임스 레이첼스는 미국의 도덕철학자로 도덕철학의 원리, 동물의 권리, 안락사 등에 대한 저술로 유명하다.

도 되지만 침팬지는 우리 인간종이 아니므로 실험해도 된다는 것이다.

그러나 레이첼스는 노직의 논리는 인종차별이나 다를 게 없다고 비판한다. 인종차별 역시 같은 인종이어서 더 존중하고, 다른 인종이기에 차별하는 것이기 때문이다. 레이첼스는 노직의 주장에서 '종' 대신 '인종'을, '인간' 대신 '백인'을, '사자' 대신 '흑인'을 넣어보라고 말한다. 그러면 다음과 같은 주장이 완성될 것이다.

특별한 존경을 요구하게 만드는 것은 오로지 백인이라는 인종에 있다. 이것은 어떤 인종의 구성원들이 다른 인종의 구성원보다 자신들의 동료들에게 비중을 두는 것이 정당할 수 있다는 일반 원칙의 한 사례다. 흑인들이 도덕적 행위자라면 흑인들 또한 다른 흑인을 우선적으로 고려한다는 이유로 비난 받지는 않을 것이다. (제임스 레이첼스 김성한 역, 『동물에서 유래된 인간』, 나남, 2009, 338쪽)

백인은 백인이니까 존중받아야 하고, 같은 백인을 다른 인종인 흑인보다 더 챙기는 것은 옳다는 논리가 완성된다. 이것이 바로 그 부당한 인종차별 아니던가? 그래서 과거 백인들은 흑인을 노예화하고, 실험하고, 학대하지 않았던가! 일본인이 한국인에게 했던 만행이나 나치가 유대인에게 했던 만행도 마찬가지다. 노직은 이런 인종차별과 같은 논리로 종차별을 옹호하는 것이다. 우리가 같은 백인이니까 흑인보다 백인을 더 챙기는 게 당연하다고 생각하는 것이나, 우리가 같은 인간종이니까 동물보다 인간을 더 챙기는 게 당연하다 생각하는 것이나, 뭐가 다른가? 같은 논리다. 같은 논리인데 인종차별은 부당하고 종차별은 정당하다는 건 모순이다.

코헨과 마찬가지로 노직의 주장도 인종차별과 비슷하다는 반박에 부딪힌다. 같은 인종이라고 특별히 더 배려하는 거나, 같은 종이라고 특별히 더 배려하는 거나, 똑같이 '나쁜 논리'라는 것이다. 이 두 개가 다른 것이라고 말하고 싶다면, 종차별주의자들은 그 이유를 제시해야 한다. 어째서 인종차별은 나쁘고, 종차별은 좋은지.

아마도 종차별주의자들은 백인이라고 해서 더 배려하고 흑인을 차별하는 게 나쁜 이유는 백인이나 흑인이나 똑같은 '인간종'이기 때문이며, 인간을 동물보다 더 배려하는 게 좋은 이유는 동물이 '인간종'이 아니기 때문이라 주장할 것이다. 그러니까 중요한 건 인종이나 성별이 아니라 인간종이라는 거다. 즉, 배려와 존중의 기준은 '인간종'인 것이다. 그러나 그렇다면, 왜 꼭 인간종이어야 할까? 포유류나 척추동물, 혹은 고통을 느끼는 존재면 왜 안 되는 걸까? 존중의 범위가 너무 넓기에 안 되는 것이라면 이보다

협소한 범위에 해당하는 인종이나 피부색, 성별은 왜 안 되는 걸까? 왜 하필 다른 게 아닌 오직 인간종이 존중의 근거가 되는지, 종차별주의자들은 마땅한 이유를 제시해야 한다.

그러나, 이 질문에 대답하려면 종차별주의자들은 다시 논쟁의 처음으로 되돌아가야 한다. 왜 오직 인간종이 존중과 배려, 권리의 기준이 되는지를 설명하려면, 오직 인간만이 지니는 위대한 특성을 다시 제시해야 하기 때문이다. 하지만 앞에서도 살펴보았듯이 그런 걸 찾기는 힘들다. 다시 도덕적 능력, 이성, 합리성 등등의 이야기를 제시해야 할까? 그러면 아기는? 아기가 권리를 갖는 방법은? 종차별주의자들은 뭐라고 대답해야 할까? 대답이 그리 쉬워 보이지는 않는다.

지금까지 학자들과 함께 동물실험이 정의로운 것인지를 따져보았다. 동물실험을 정당화하는 일은 논리적인 어려움이 생각보다 많았고, 동물실험이 정당하지 않다는 주장은 생각보다 상당히 논리적이었다. 논리적으로는 동물실험이 정당하다고 외치기가 힘들 것 같다. 그렇지만 논리를 떠나 심정적으로는 동물실험이 필요하다고 느껴지기도 한다. 치료제 개발을 위해 동물실험을 해야 하지 않을까? 이 심정을 논리적으로 정당화할 방법이 있을까? 독자들은 어떻게 생각하시는지? 입장을 정하는 건 독자들의 몫이다.

기술에게 정의를 묻다

7장

휴먼 다음엔
포스트휴먼?

몸에 기계를 넣는다면 어떻게 될까? 기계로 만든 인공심
장과 인공팔다리, 인공지능 컴퓨터를 넣는다면? 아마도 영원
히 늙지 않고 죽지 않을 것이며 엄청난 지능을 소유하게 될 것이다.
심장을 새것으로 교체하고, 팔다리를 신상품으로 갈아 끼우고, 뇌 속에
이식된 컴퓨터로 생각할 수 있을 테니까 말이다. 이런 존재를 포스트휴먼이
라고 부른다. 어쩌면 이것이 인간의 최종적인 진화일지도 모르겠다. 휴먼 다음에
는 포스트휴먼이 되는 것! 그런데, 과연 포스트휴먼이 되는 거, 좋은 걸까?

1 포스트휴먼이 다가온다

인간은 나약하고 유한한 존재다. 인간 몸은 바이러스에 취약해 질병에 걸리기도 쉽고 세월이 흐를수록 늙고 쇠퇴해 결국엔 죽음에 이른다. 탱탱했던 피부는 언젠가는 쭈글쭈글 주름지고, 생생했던 관절은 삐걱거리고, 반짝이던 정신은 깜빡깜빡 그 기능을 잃어 흐려져간다. 게다가 인간의 몸은 동물만큼 강하지도 날쌔지도 않으며, 두뇌는 컴퓨터만큼 많은 정보를 처리하지도 계산하지도 못한다. 인간은 완벽하지 않다.

만일 살과 뼈로 이루어진 인간 몸속에 기계나 컴퓨터를 심을 수 있다면 어떨까? 상상해보자. 노화되어 삐걱거리는 신체의 각 부분을 녹슬지 않는 기계로 바꾸고, 몸속의 장기들을 인공장기로 교체하고, 뇌 속에는 컴퓨터를 심는 것이다. 그렇게 된다면 기계를 계속 교체해가면서 영원히 건강하게 살아가는 것이 가능할 것이다. 인공심장에 문제가 생기면 "제 심장이 고장 났어요! 바꿔주세요!" 하며 새로운 심장으로 교체하고, 기계 다리가 고장이 나면 "신제품 나왔나요? 바꿔주세요!" 하며 새것으로 갈아 끼울 수 있을 테니 말이다. 고장 나면 바꿔 끼우고 더 좋은 게 나오면 또 바꿔 끼우며 계~속 사는 것이다. 늙지도 않고 죽지도 않는 것.

그뿐 아니라 몸과 기계를 결합하면 인간의 능력도 향상될 것 같다. 예를 들어 지도 데이터가 저장된 인공 눈을 갖게 되면 굳이 스마트폰 없이도 길을 자유자재로 찾을 수 있고, 가청주파수가 확대된 귀를 갖게 되면 옛날 미국 드라마에서나 볼 수 있었던 '소머즈'처럼 멀리서 들리는 소리를 다 들을 수 있게 된다. 뇌 속에 심은 컴퓨터 칩은 어마어마한 기억력과 계산력을 제공할 것이고, 뇌와 뇌를 인터넷으로 연결하면 언어 없이도 서로의 생각을 주고받는 일이 가능해진다. 유연성 기능이 첨가된 인공 다리를 이용하면 발레를 쉽게 배울 것이고, 터보엔진이 달린 다리를 갖게 되면 자동차 없이도 몇십 킬로미터 떨어진 회사에 달려서 출근하는 것이 가능할 것이다. 즉, 몸이 기계와 융합되면 더 잘 보고, 더 잘 듣고, 더 잘 생각하고, 춤추고, 달릴 수 있게 되는 것.

게다가 몸을 기계로 대체하게 되면, 이제 몸의 각 부분은 선택의 문제가 된다. 마치 옷을 갈아입듯 이런 다리, 저런 팔, 이런 얼굴, 저런 피부를 선택할 수 있는 것. 오늘은 등산하는 날이니까 튼튼한 등산용 다리를 착용하고 밖에 나가고, 내일은 데이트하는 날이니까 예쁘고 날씬한 다리를 착용하고 나가며, 어떤 날은 돼지 유전자가 섞인 피부를 끼우고 해변으로 떠나고, 또 어떤 날은 위쪽은 영화 〈공각기동대: 고스트 인 더 쉘〉(Goast in the Shell, 2017), 아래쪽은 〈알리타: 배틀엔젤〉(Alita: Battle Angel, 2018)의 한 장면, 두 영화 속 주인공은 모두 인간의 뇌와 기계 몸을 결합한 존재들이다.

리드미컬하게 움직이는 연주용 손을 장착하고 피아노 연주회에 가는 것이다.

　매우 낯설고 이상한 상상이다. 신체를 갈아 끼우는 인간이라니! 이러한 존재를 '포스트휴먼(posthuman)'이라고 부른다. 포스트휴먼이란 컴퓨터공학, 로봇공학, 기계공학, 유전공학 등의 기술이 인간의 몸과 융합된, 새로운 단계의 존재를 말한다. 예를 들어 영화 〈공각기동대〉나 〈알리타: 배틀엔젤〉에 등장하는 사이보그나, 〈주피터 어센딩〉(Jupiter Ascending, 2014)에 등장하는 늑대 유전자와 인간 유전자가 섞인 합성 인간이 이에 해당한다고 볼 수 있다. 인간의 몸에 인간이 아닌 기계나 동물의 유전자가 융합된 새로운 단계의 존재를 포스트휴먼이라고 부르는 거다. 이 존재들은 인간보다 뛰어난 지능과 능력을 발휘하며, 교체 가능한 신체를 가진 새로운 존재다.

　이러한 존재가 가능할까 싶지만, 이미 그 일은 오래전부터 시도되어왔다. 최초로 컴퓨터와 몸의 결합을 시도한 사람은 영국의 로봇공학자 케빈 워릭(Kevin Warwick)이다. 그는 1998년 자신의 팔에 마이크로 컴퓨터 칩을 이식했는데 이 칩은 그의 이동 경로를 컴퓨터에 전송해서 그가 연구실에 들어서면 자동으로 문이 열렸다. 4년 뒤인 2002년 워릭은 컴퓨터 칩을 직접 신경계에 이식하여 자신의 신경 신호로 주변 기계를 통제하는 데 성공했다. 그는 신경 신호로 휠체어를 움직였고, 컴퓨터 화면의 색깔을 바꾸었으며, 로봇 손을 원하는 대로 움직일 수 있게 되었다. 즉 인간의 신경과 기계를 융합한 최초의 사이보그가 탄생한 셈이다.

케빈 워릭의 실험 이후 인간과 기술의 융합은 지속적인 발전을 이루어왔다. 두 팔을 잃은 사람에게 움직이는 로봇팔을 이식하는 일이 가능해졌고, 시각장애인들이 인공 망막 시스템을 통해 시력을 회복할 수 있게 되었으며, 인공장기나 인공피부를 만들고 이식하는 연구도 활발히 진행 중이다.

또한, 유전공학의 눈부신 발전으로 식물과 동물의 유전자를 재조합하는 일도 가능해졌다. 흰색 토끼에 발광 해파리 유전자를 주입해 자외선을 받으면 녹색 빛을 내는 토끼, 사람의 유전자를 선인장에 주입해 선인장 가시가 머리카락처럼 변하는 예술작품도 등장한 바 있다.

기술이 계속 발전한다면, 언젠가는 신체가 기계로 뒤바뀌고, 뇌 속에 컴퓨터 칩이 이식되고, 동식물 유전자로 재조합된 인공장기가 몸속에 들어오게 될지도 모른다. 생물학적 육체로 살아왔던 우리가 포스트휴먼이 되는 것이다. 뇌가 컴퓨터화되어 모든 것을 기억하고, 수백 차원을 지각하며, 강철 팔다리를 지닌 힘세고, 튼튼한 포스트휴먼 말이다.

뭔가 기괴하게 느껴진다. 차갑고 딱딱하고 투박한 기계가 몸에 들어오다니! 보기에도 안 좋고, 감촉도 나쁠 것이다. 그러나 기계의 모습이 인간과 똑같고, 감촉도 좋고, 심지어 예쁘다면 어떨까? 기계 이식에 부작용도 없고, 갈아 끼울 때 아픔도 없다면? 나빠지는 건 없고 좋아지기만 한다면 이런 존재가 되는 거, 괜찮지 않을

까? 어쩌면 이게 진화된 인간의 모습일지도 모른다. 휴먼 다음 세
대는 포스트휴먼인 거다!

포스트휴먼은 공포다!

이제 철학자들의 이야기를 들어보자. 철학자들은 어떻게 생각할까? 레온 카스, 프랜시스 후쿠야마(Francis Fukuyama), 조지 안나스(George Annas), 제러미 라프킨(Jeremy Rifkn) 등 포스트휴먼 반대론자들은 포스트휴먼 기술을 사용하게 될 우리의 미래가 매우 위험하고 무서운 것이라고 평가한다. 포스트휴먼은 우리가 공포를 느껴야 할 대상이라는 것이다. 왜 그런 걸까?

인간 존엄성 훼손!

우선, 포스트휴먼 반대론자들은 포스트휴먼은 인간의 존엄성을 훼손하는 것이라고 비판한다. 왜냐면 인간의 몸을 기계처럼 조립하고 분해하고 갈아 끼우고 동물의 유전자와 합성하는 것은 인간을 '비인간화'하는 것이기 때문이다. 인간을 하루아침에 인

포스트휴먼은 인간일까?

간 아닌 존재로 만들어버리는 것. 인간은 '인간이기에' 존엄한 존재다. 인간은 인간이라는 그 자체로 존엄한 존재인데 포스트휴먼은 그 존엄한 인간성을 제거해버리는 것이다. 그래서 포스트휴먼 반대론자들은 포스트휴먼 기술이 인간의 존엄성을 파괴한다고 말한다.

그러나 이런 주장을 하기 위해서는 먼저 인간이라는 존재가 어떤 것인지부터 말해야 할 것 같다. 인간이 무엇이길래 '포스트휴먼 되기'가 '비인간 되기'일까? 철학자 카스는 인간의 본성은 인간에게 '자연적으로 주어진 것'이라고 말한다. 즉, 태어날 때부터 인간에게 자연적으로 주어진 특성이 인간의 본성이라는 것. 우리 인간에게는 그런 특성들이 있다. 자연적으로 눈은 두 개이고, 살과 뼈와 피로 이루어진 몸이 있고, 걸을 수 있는 두 다리가 있고, 볼 수 있는 눈과 먹을 수 있는 입, 숨 쉴 수 있는 코가 있으며, 시간이 흐르면 자연적으로 늙어가고, 언젠가는 죽는다. 이런 자연적인 특성들이 인간을 설명해줄 수 있는 인간의 본성이라는 거다.

그런데 포스트휴먼은 자연적인 존재가 아니다. 포스트휴먼은 인공적으로 뚝딱뚝딱 칩을 삽입하고, 인공 다리와 인공 팔을 끼워 넣어 만들어낸 것이기 때문이다. 인공적인 눈, 기계로 뛰는 심장, 교체될 수 있도록 조작된 팔과 다리, 늙지 않는 인공 피부, 인공지능으로 기억하고 계산하고 생각하는 뇌…….. 포스트휴먼은 인공물인 것이다. 그러므로 카스는 포스트휴먼화가 비인간화라고 말한다. 누군가를 포스트휴먼으로 만드는 건 그 사람을 사람이 아닌 걸로 바꿔버린다는 것이다.

후쿠야마는 인간의 본성은 유전적 요소에 기인하는 인간종의 전형적인 행동과 특성의 '총합'이라고 말한다. 우리는 인간만이 지닌 인간의 고유한 본성을 하나로 환원해서 표현하길 좋아한다. 그리고 그 하나의 특성으로 자주 제기되는 것으로 '이성', '사회성', '언어' 등이 있다. 그런데 후쿠야마는 이렇게 인간의 본성을 하나로 환원하는 것이 불가능하다고 말한다. 왜냐면 인간이 아닌 다른 동물들에게도 이런 특성들이 나타나기 때문이다. 예를 들어 이성적 능력은 인간뿐 아니라 동물도 가진 능력이다. 원숭이나 침팬지, 개, 돼지도—6장에서 살펴보았듯이—기억하고 예측하는 이성적 능력이 있으며 이 능력은 인간인 아기보다 훨씬 더 뛰어나다. 언어나 사회성도 마찬가지다. 원숭이가 갓난아기보다 더 언어를 잘 구사하며, 더 사회적으로 행동한다. 그래서 후쿠야마는 인간의 본성은 이렇게 개별적인 하나의 특성으로 환원해서 설명할 수 없으며, 인간의 특성들을 다 합한 '총합'적인 것으로 보아

프랜시스 후쿠야마는 미국의 스탠퍼드 대학의 교수로 정치철학자이며 생명 보수주의자이다.

야 한다고 말한다. 예컨대 이성적 능력이 있고, 언어를 사용하고, 사회를 이루고, 정치에 참여하고, 복잡한 감정을 가지고, 감각을 느끼며, 직립보행을 하는 인간종의 전형적 특성들을 총체적으로 아우른 것이 인간의 본성이라는 것이다. 인간은 여러 가지 특성들로 점철된 복잡하고 총체적인 존재라는 것.

그만큼 인간은 이성이나 사회성 따위의 한 단어로 표현할 수 없는, 신비로운 존재인 것이다. 후쿠야마는 이런 신비로운 인간의 본성을 굳이 한마디로 표현해야 한다면, 'x'라고 불러야 한다고 말한다. 인간은 뭐라고 콕 집어 말할 수 없는 신비로운 그 무엇, x라는 거다.

이 신비로운 x를 이루는 특성들은 인간종이 유전적으로 가진 전형적인 특성들을 다 합한 것이며 이는 어떻게 보면 카스가 말하는 자연적으로 주어진 인간의 특성과 비슷하다. 그런데 후쿠야마는 여기에서 더 나아가 흥미로운 주장을 덧붙인다. 후쿠야마는 x를 이루는 특성들이 상호작용하며 그물망처럼 연결되어 있다고 말한다. 예를 들어 정치성은 언어와 사회성이 상호작용하며 발현시키고, 언어와 사회성은 이성과 감정에서 비롯되며, 이성과 감정은 감각에 영향을 받는다는 것이다. 그래서 어떤 특성도 다른 특성들 없이는 존재할 수 없다. 인간의 특수한 신경 체계와 감각

기술에게 정의를 묻다

체계 없이 감정과 이성이 발동하지 않으며, 감정과 이성 없이 사회성이나 언어적 능력이 비롯될 수 없고, 사회성이나 언어적 능력 없이 정치성이 발달할 수 없는 것이다.

그러니까, 인간은 이성, 감정, 사회성, 언어, 감각, 생물학적 특성 등 상호작용하며 연결된 그물망 전체인 것이다. 이 그물망에서 이성 하나만을 도려낸 것이 인간인 게 아니라 줄줄이 엮인 그물망 전체가 인간이라는 것. 그물망 전체를 이루는 특성들은 서로 영향을 주며 존재하기 때문에 하나의 특성만 없어도 인간이 될 수 없다. 그래서 원숭이가 이성을 사용할지라도 인간이 될 수 없는 이유가 여기에 있다. 원숭이는 이 복잡하게 줄줄이 엮인 전체를 가지지 못했기 때문이다. 원숭이에게는 인간의 감각기관이 없으며, 그 감각기관이 발현시키는 복잡한 감정 체계도 없다. 원숭이의 그물망은 인간의 것과 다른 것이다. 즉, 원숭이의 본성은 x가 될 수 없다.

그러면, 포스트휴먼은 어떠한가? 포스트휴먼은 인간의 본성인 x를 이루는 특성들을 제거하거나 교체하고 수정한다. 기계, 컴퓨터, 동물의 유전자를 섞어 넣고, 생물학적 특성을 변경하고, 기존의 사유, 소통, 삶의 방식을 변경한다. 그렇게 되면 인간의 본성도 변경된다. 하나의 특성만 달라져도 나비효과처럼 그 특성과 연결된 다른 특성들이 연쇄적으로 달라지기 때문이다. 예를 들어 몸을 기계로 바꾸어 고통의 감각을 제거하면 타인의 고통에 대한 공감 능력도 사라질 수 있고, 뇌를 네트워크로 연결하면 언어로 대화하던 의사소통 방식도 사라질 수 있다. 포스트휴먼이 되는 순간 인간의 본성 x는 유지되지 않는 것이다. 포스트휴먼의 본성은 x가 아닌 전혀 다른 것, 이를테면 y나 z로 변화된 것이다. 즉, 포스트휴먼은 인간이 아닌 비인간인 것이다.

그래서 후쿠야마는 인간을 포스트휴먼화하는 것은 인간 존엄성을 파괴하는 것이라고 말한다. 인간은 말할 수 없이 신비로운 x이기에 존엄한 것인데, 포스트휴먼은 이 x를 제거하기 때문이다. 인간은 필요할 때마다 갈아 끼우는 기계가 아니고, 새것으로 교체할 수 있는 물건도 아니며, 동물의 유전자와는 차원이 다른 유전자를 가졌다. 그런 인간을 기계와 동물이 뒤섞인 비인간으로 만드는 것은 인간의 존엄성을 훼손하는 것이다. 이것은 도덕적으로 볼 때, 심각한 재앙이 아닐 수 없다. 그래서 후쿠야마를 비롯한 포스트휴먼 반대론자들은 인간 본성을 해치고 존엄성을 훼손하는 포스트휴먼을 공포라고 평가한다.

인간의 훌륭함이 사라진다

다음으로, 포스트휴먼 반대론자들은 포스트휴먼이 되면 인간의 훌륭함이 사라진다고 비판한다. 예를 들어 카스는 인간의 본성은 성스럽고 훌륭한 것인데, 포스트휴먼화로 인해 인간의 균등화, 평범함, 사랑과 열망 없는 영혼 등과 같은 타락이 나타날 것이라고 비판한다. 인간은 다양성, 개성, 열망과 같은 훌륭한 특성들

포스트휴먼 반대론자들은 포스트휴먼이 되면 다양성이 사라진다고 말한다.

을 가진 존재인데, 포스트휴먼이 되면 모두가 같아지는 균등화가 나타나고, 열정이 사라진다는 것이다. 인간은 다양한 형질을 지녔기에 저마다 개성이 넘친다. 코의 모양만 보더라도 매부리코, 납작한 코, 오뚝한 코, 통통한 코, 뾰족한 코 등 많은 형질이 있고, 눈의 모양도 얇으면서 긴 눈, 동그랗고 큰 눈, 깊은 눈, 등 천차만별의 형질들이 있다. 사람은 바퀴벌레와 달리 모두가 다 다르게 생긴 다양한 생김새를 갖는다. 그러나 몸속에 기계가 들어오기 시작하면 인간의 외형은 균등해지고 평범해진다. 왜냐면 기계는 회사에서 만든 상품이고 상품의 종류는 한정돼 있기 때문이다. 그러니까 뇌에 삽입한 컴퓨터도 저마다 비슷비슷할 수밖에 없고,

인공 얼굴이나 인공 신체 역시 거기서 거기일 수밖에 없다. 애인을 만나러 카페에 가면 여기저기에 똑같은 얼굴을 착용(?)한 커플들이 데이트하고, 운동하러 공원에 나가면 저마다 같은 회사의 러닝용 인공 다리를 끼우고서 운동을 하며, 산에 가면 모두 똑같은 인기상품 등산용 다리로 등산을 하는 거다. 스마트폰이나 TV, 냉장고가 다 거기서 거기인 것처럼 포스트휴먼의 얼굴도 팔다리도 다 거기서 거기인 것. 게다가, 똑같은 컴퓨터 칩을 뇌에 장착한 포스트휴먼은 생각하는 것도 비슷할 수밖에 없다. 같은 데이터로 사고하고 기억하고 예측하기 때문이다. 인간이 포스트휴먼이 되면 모두가 개성 없이 평범해지는 거다.

그리고 포스트휴먼의 삶에는 진정한 열망의 의미가 사라진다. 무엇이든 뇌 속의 컴퓨터와 인터넷이 다 알려주고, 어떤 것이든 기계 몸이 편리하게 다 해주기 때문이다. 무엇이든 다 되는 세상에서 무언가를 원하고 열망하고 사랑하는 일이 어떤 의미가 있겠는가! 무언가를 열정적으로 바라는 것은 인간의 아름답고 훌륭한 감정 가운데 하나인데, 포스트휴먼이 되면 그 감정이 없어지는 것이다.

그래서 카스는 포스트휴먼이 되는 것을 이렇게 표현한다. "인간이 바퀴벌레가 되는 것이나 마찬가지다."(Kass, L., "Ageless Bodies, Happy Souls : Biotechnology and the Pursuit of Perfection", *The New Atlantis*, spring, 2003.) 인간이 그동안 보였던 다양함, 개성, 열정 등 훌륭한 특성들이 사라져서 마치 바퀴벌레 같은 존재가 된다는 것이다. 그래서 카스는 우리가 자연이 준 선물인 인간의 본성을 존경하고 존중해야 한다고 말한다. 인간이라는 자연을 그대로 놔두어야 한다는 것.

그래도 포스트휴먼이 되고자 하는 사람들은 인간의 부족한 점들을 없애고 더 나은 존재가 되길 원할 수 있다. 어쩌면 그것이 더 훌륭해지는 방법이 아닐까? 그러나 후쿠야마는 우리가 부족한 특성이라 여기는 것들은 실은 우리에게 필요한 좋은 특성이라고 말한다. 인간의 본성을 이루는 특성들은 상호의존적으로 연결되어 있기 때문이다. 나쁜 특성인 것 같아서 없애면 그것이 영향을 주는 좋은 특성들도 사라지는 것이다. 이를테면 고통이 싫다고 그것을 없애면, 타인의 고통에 대한 연민이 사라질 수 있고, 질투라는 감정이 불편하다고 없애면 그것이 영향을 미치는 사랑의 감정 역시 사라질 수 있으며, 영원히 살고자 죽음을 없애면 생존하고 적응하고자 하는 원동력도 사라질 수 있다는 것이다. 후쿠야마는 우리가 몇몇 나쁜 특성들을 제거하고 포스트휴먼이 되면 외려 다양성, 야망, 연민, 동정, 원동력, 단결, 천재성과 같은 인간의 훌륭한 특성들은 사라진다고 말한다. 부족해 보이는 특성들도 실은 인간의 훌륭함을 위해 필요한 요소라는 것이다. 그러니까 복잡하게 얽혀 있는 신비로운 인간의 본성은 함부로 건드려서는 안 된다는 것이다.

그래서 포스트휴먼 반대론자들은 포스트휴먼이 되는 일을 두려워할 줄 알아야 한다고 본다. 자연 그대로 가치가 있는 인간의 훌륭함이 사라지기 때문이다. 그들은 신비롭고, 훌륭하며, 성스러운 인간 존재를 포스트휴먼으로 타락시켜서는 안 된다고 본다.

포스트휴먼의 위협

포스트휴먼 반대론자들이 포스트휴먼을 공포의 대상으로 여기는 세 번째 이유는 포스트휴먼이 인간에게 위협이 될 수 있기 때문이다. 안나스는 새로운 종인 포스트휴먼이 자신들보다 열등한 인간을 노예나 학살의 대상으로 여길 것이라고 말한다. 인간은 그동안 자신보다 지위가 낮은 하위종인 동물들을 실험에 사용하고, 도구화하고, 도살했다. 그런데 이번에는 포스트휴먼이 우리 인간을 그렇게 대할지도 모른다는 것이다. 인간보다 훨씬 더 강하고, 지능이 높은 포스트휴먼한테 인간은 매우 열등한 존재로 보일 것이다. 본인들은 수백 차원을 지각하고, 수만 건의 정보를 동시적으로 처리하며, 네트워크로 대화를 하는 존재인데, 인간은 겨우 뇌 하나로 근근이 생각하는 존재니 얼마나 하찮게 보이겠는가! 포스트휴먼은 하위종인 인간을 우습게 보고 함부로 대하거나 죽이거나 노예로 부릴지도 모른다. 그래서 안나스는 인간이 학살되거나 노예가 되기 전에 예방 차원으로 포스트휴먼을 죽여야 할지도 모른다고 말한다.

후쿠야마는 여기에 덧붙여 포스트휴먼이 인간에게 함부로 대하더라도 우리가 그것을 도덕적으로 문제 삼을 수는 없다고 말한다. 포스트휴먼이 인간을 노예로 부리거나 실험에 이용해도 그게 도덕적으로 부당한 것일 수 없다는 것이다. 포스트휴먼과 인간 사이의 불평등은 당연하다는 것.

왜 그런 걸까? 후쿠야마는 인간과 인간 사이에 평등이라는 도덕 원칙이 적용될 수 있는 이유는 인간들 사이에 중요한 공통점이 있기 때문이라고 본다. 그 공통점을 그는 인간의 본성이라고 말한다. 인간은 생김새, 피부색, 성별, 성격, 외모, 문화, 직업, 재산, 천부적 재능 등 모든 면에서 서로 다르지만, 모두 인간의 본성을 가졌다는 점에서 같다는 것이다. 후쿠야마식으로 말하면, 인간은 모두 x를 가졌다는 점에서 같다. 그리고 인간은 x라는 점에서 같기에 평등하게 대우받을 권리가 있다. 사장님이든 부하직원이든, 돈이 많든 적든, 능력이 뛰어나든 아니든 그 누구도 다른 이를 함부로 대해서는 안 되며, 다른 이의 권리를 무시해서는 안 되는 것이다. 인간은 그 누구도 다른 이에게 폭력을 가하거나, 생명을 빼앗거나, 실험에 이용하거나, 인권을 침해해서는 안 된다.

즉, 후쿠야마는 인간 평등의 근거를 x로 보는 것이다. x로 인해 인간은 서로를 평등하게 대우해야 할 의무를 지니는 것이다. 반면에 동물에게는, 후쿠야마가 보기에, 평등한 대우를 해야 할 이유가 없다. 왜냐면 동물에게는 평등의 근거인 x가 없기 때문이다. 동물은 여러 가지 특성들이 서로 연결된 전체로서의 인간의 본성, x를 가지지 않는다. 동물의 이성적 능력이 인간의 능력과 유사할 순 있지만 그렇다고 동물이 전체로서의 인간 본성 x를 가지는 것은 아니다. 동물의 본성은 인간의 본성과 다른 것이다. 그래서 후쿠야마는 인간과 동물은 평등하지 않다고 본다. 같아야 같게 대우할 수 있는데, 인간과 동물은 같지 않기 때문이다. 인간과 동물 사이에는 평등이라는 도덕 법칙이 적용되지 않는 것이다. 후쿠야마의 입장은 6장에서 살펴본 종차별주의에 해당한다고 볼 수 있다.

후쿠야마는 포스트휴먼과 인간의 관계도 마찬가지라고 본다. 후쿠야마가 보기에 포스트휴먼과 인간은 다르다. 인간의 본성이 x라면 비인간인 포스트휴먼의 본성은 y라고 해야 할 것이다. 같아야 같게 대우하는 것인데 두 존재는 같지 않은 것이다. 그러므로 후쿠야마는 인간과 포스트휴먼 사이에는 평등의 원칙이 적용될 수 없다고 본다. 똑같은 존중과 똑같은 권리를 누려야 할 이유가 없다는 것.

그렇다면 둘 중 누가 더 우월한 지위를 가지게 될까? 안타깝게도 포스트휴먼이 인간보다 더 우월한 지위를 차지할 가능성이 크다. 포스트휴먼은 인간보다 여러 가지 면에서 우월한 능력을 지니기 때문이다. 그들은 엄청난 지능과 추론으로 우리의 행동을 제어할 수 있고 강철같은 팔다리로 우리를 제압할 수 있다. 동물보다 능력이 우월한 우리 인간이 동물을 지배하고 사용해왔듯이 포스트휴먼도 우월한 능력으로 인간을 지배하는 게 가능한 것이다. 인간이 동물을 실험에 사용하고, 노동에 이용하고, 죽이는 것처럼 포스트휴먼도 필요에 따라 인간을 실험에 사용하고 노예로 부릴지 모른다. 그동안은 인간이 여타의 생물들보다 높은 도덕적

포스트휴먼 반대론자들은 포스트휴먼이 등장하면 도덕적 지위의
최상부를 포스트휴먼이 차지할 것이라고 본다.

지위를 누려왔다면 이제 포스트휴먼 시대에는 권력의 피라미드
가장 꼭대기를 그들이 차지하게 되는 것이다. 하위종인 인간을
이용해 더 많은 이익과 권리를 누리면서 말이다.

　문제는 앞으로 포스트휴먼이 인간을 노예화할 가능성이 있다
는 것이 아니라, 그런 일이 벌어져도 그 끔찍한 일을 비도덕적인
것으로 평가할 수 없다는 것이다. 인간과 포스트휴먼 사이의 불
평등이 당연한 일이 된다는 것이다. 인간이 동물보다 더 높은 지
위를 누리는 것이 당연하듯―물론, 종차별주의적 관점에서―포
스트휴먼이 인간보다 더 대우받는 것 역시 당연한 게 된다는 것.
그래서 후쿠야마는 이러한 비극을 가져올 포스트휴먼화를 애초
부터 금지해야 한다고 본다.

　무섭다! 포스트휴먼 반대론자들은 이렇게 포스트휴먼은 인간

에게 위협적인 존재라고 주장한다. 포스트휴먼의 등장은 그동안 가장 고귀하게 존중받아온 인간의 도덕적 지위를 노예나 실험체로 떨어뜨린다. 그래서 포스트휴먼 반대론자들은 포스트휴먼을 우리가 경계해야 할 공포라고 본다.

포스트휴먼은 희망이다!

반면에, 포스트휴먼을 환영하는 무리도 있다. 예를 들어 보스트롬, 레이 커즈와일(Ray Kurzweil), 샌드버그, 막스 모어(Max More) 등은 인간의 수명을 연장해주고, 능력을 향상해주는 포스트휴먼을 찬성한다. 포스트휴먼은 우리의 희망이라는 것이다. 이러한 입장을 '트랜스휴머니즘(transhumanism)'이라고 부른다.

트랜스휴머니즘의 희망

트랜스휴머니즘은 과학기술을 통해 인간의 자연적 한계를 뛰어넘어 포스트휴먼으로 변화하는 것을 지지하는 지성적, 문화적 운동을 말한다. 인간은 자연적으로 질병에 취약하고, 종종 불의의 고통을 느끼기도 하며, 노화되며, 지능에는 한계가 있고, 서서히 죽어가는 약하고, 한계가 있는 존재이다. 지금도 똑딱똑딱

1초, 2초…… 흐르는 시간 속에 사람들이 죽고, 질병에 걸리고, 고통에 시달린다. 우리가 포스트휴먼이 되면 이러한 자연적 한계를 벗어버리고, 무한한 건강과 수명을 누리고, 현존하는 어떤 인간보다도 뛰어난 지적인 능력을 지닐 수 있다. 트랜스휴머니스트는 우리가 포스트휴먼이 되어 이렇게 멋진 삶을 사는 것을 지지하고 그렇게 되길 희망한다. 그들이 보기에 인간이 포스트휴먼이 되는 것은 기술과 과학을 이용한 새로운 진화에 해당한다. 그들은 포스트휴먼으로의 진화를 선택할 자유가 우리에게 주어져야 한다고 본다. 이러한 트랜스휴머니스트의 운동을 로널드 베일리(Ronald Bailey)는 대담하고 기발하며 이상적인 인류의 열망이 담긴 운동이라고 말한다.

트랜스휴머니스트는 인간이 포스트휴먼으로 진화하는 것은 유익하고, 이상적이고, 희망적인 일이라고 본다. 그러나 그들이 무조건 포스트휴먼을 지지하는 건 아니다. 그들은 모든 사람의 이익과 존엄성을 고려하는 도덕적 관점에서의 포스트휴먼화를 추구한다. 그들은 우리가 포스트휴먼 기술로 인해 생길 만한 불이익은 줄이고 유용성은 늘리는 최선의 방책을 연구해야 하고, 포스트휴먼화와 관련해서 도덕적인 정책을 세워야 한다고 주장한다.

이러한 그들의 이런 입장은 '트랜스휴머니스트 선언문'에도 잘 표명되어 있다. 선언문—1998년에 만들어져 수년에 걸쳐 수정된 2009년 판—중 해당 부분을 보면 아래와 같다.

기술에게 정의를 묻다

〈트랜스휴머니스트 선언문(Transhumanist Declaration)〉

① 미래에 인류는 과학과 기술에 큰 영향을 받게 될 것이다. 우리는 노화, 인지적 결함, 불의의 고통을 극복하고, 지구라는 행성을 벗어나 인간의 잠재력을 확장하게 될 것이라고 본다.

③ 우리는 인류가 새로운 기술을 오용함으로써 심각한 위험에 직면하고 있음을 알고 있다. (중략) 모든 진보는 변화에 해당하지만, 모든 변화가 다 진보는 아니다.

④ 이런 전망을 이해하기 위한 연구 노력을 투자할 필요가 있다. 우리는 위험을 줄이고 유용한 적용을 촉진할 최선의 방책을 신중하게 숙고해야 할 필요가 있다. (중략)

⑥ 정책 입안은 기회와 위험 모두를 신중히 고려하고, 개인의 권리와 자유를 존중하며, 그리고 전 지구의 모든 이들과 연대하면서, 모든 이들의 이익과 존엄성을 고려하는, 책임감 있고 포괄적인 도덕적 관점에서 만들어져야 한다.

⑦ 우리는 인간과 비인간 동물, 그리고 미래의 모든 인공지능, 변형된 생명체, 혹은 기술 및 과학적 진보가 만들어낼지 모를 다른 지성체를 포함하여, 모든 쾌고감수능력을 지닌 것들의 행복을 추구한다.

즉, 트랜스휴머니스트는 인간을 향상하는 기술을 찬성하지만, 그 기술을 도덕적으로 추구해야 한다고 보는 것이다. 즉, 위험은 축소하고 유용성은 높이는 방법을 구하기 위한 많은 연구가 필요하고(③,④) 개인의 자유, 연대와 이익과 존엄성을 고려하는 도덕적인 정책을 만들어야 하며(⑥) 인간, 동물, 인공지능 등, 지능이 있거나 쾌고감수능력이 있는 모든 존재의 행복을 추구해야 한다(⑦)는 것이다.

그러니까, 포스트휴먼을 지지하되, 위험을 줄이는 방향으로 신중하게, 도덕적인 정책으로 인간과 비인간 모두의 행복이 추구되어야 한다는 것이다. 향상 기술을 이용해서 좋은 일만 가득하도록 우리가 노력해야 한다는 것. 너도 좋고 나도 좋고 동물도 좋은 포스트휴먼의 미래를 향해 나가자는 것이다. 트랜스휴머니즘은 이런 희망찬 시나리오가 언젠가는 현실이 될 것이라고 본다.

그렇다면 반대론자들이 외친 포스트휴먼의 공포에 대해 트랜스휴머니스트는 어떻게 반응할까? 반대론자들은 포스트휴먼이 인간의 존엄성을 훼손하고, 인간의 훌륭함을 없애버리며, 휴먼에게 위협을 가하는 무서운 존재하고 말한다. 이제 반대론자들의 공포에 대한 트랜스휴머니스트의 반론을 들어보자.

포스트휴먼도 존엄한 인간이다

카스나 후쿠야마를 비롯한 반대론자들은 포스트휴먼은 인간을 비인간으로 만드는 것이며 이것은 인간의 존엄성을 훼손하는 것이라고 비판한다. 그러나 트랜스휴머니스트는 포스트휴먼을 '비인간'이라고 규정하는 반대론자들의 '인간'이라는 기준 자체가

기술에게 정의를 묻다

잘못된 것이라고 대응한다.

우선, 보스트롬은 카스가 인간의 기준으로 제시한 '자연'이 매우 모호한 개념이라고 비판한다. 카스는 인간은 자연적인 존재인데 포스트휴먼은 인공적으로 만들어진 것이므로 인간이 아니라고 주장한다. 그러나 무엇이 자연이고 인공일까? 자연과 인공은 카스가 주장하는 것처럼 명확하게 구분되지 않는다. 현대를 살아가는 우리 인간은 자연적인 존재일까? 현대인은 수렵 채집인에 비하면 자연적이지 않다. 뾰족한 도구로 물고기나 잡던 수렵 채집인과 달리 현대인은 옷을 입고, 슈퍼마켓에서 음식을 구하고, 학교에 다니며, 인터넷으로 통신을 하고, 지식을 컴퓨터에 저장하고, 주어진 신체 조건을 극복하여 안경을 쓰고, 인공관절을 사용한다. 출산은 병원에서 하며, 인공 수정이 가능하고, 각종 질병은 의학으로 해결한다. 현대인은 수렵 채집인 보다 인공적이고 인위적이다. 만일 수렵 채집인이 현대인을 보게 된다면 현대인이 포스트휴먼으로 보일 것이다. 그들은 이렇게 외칠지도 모른다. "인간이 아니잖아! 괴물 같으니라고!"

이렇듯 무엇이 자연이고 인공인지는 상대적이며 그 구분은 모호하다. 현대인은 수렵-채집인보다 덜 자연적이고, 포스트휴먼은 현대인보다 덜 자연적이다. 포스트휴먼이 자연적이지 않기에 비인간이라면 현대인 역시 비인간이라고 보아야 할 것이다.

어쩌면 카스가 말하는 '자연'이란 '기계를 몸에 넣지 않음'을 뜻하는 것인지도 모르겠다. 그러나 자연을 그런 식으로 해석해도 문제가 해결되는 건 아니다. 포스트휴먼이 기계를 몸에 넣었기에 비인간이라면, 현재 치아 교정기, 임플란트, 인공관절을 몸에 넣은 사람들, 불의의 사고로 다리를 잃어 로봇 다리를 이식한 사람들, 뇌와 컴퓨터와 로봇을 연결한 하반신 마비 환자들 역시 비인간이 되기 때문이다. 어째서 포스트휴먼만 비인간인가? 자연을 어떤 것으로 해석해도 자연과 인공은 명확하게 구분되지 않는다. 따라서 트랜스휴머니스트는 이런 기준으로는 인간과 비인간을 구분할 수 없으며, 이것을 근거로 포스트휴먼을 비인간으로 배척할 수 없다고 말한다.

다음으로, 트랜스휴머니스트는 후쿠야마의 '인간종의 전형적인 특성들의 총합'으로서의 인간 본성 역시 문제가 있다고 지적한다. 보통, 인간의 전형적 특성이란 이성, 언어, 사회성, 감정, 감각, 생물학적 특징 등과 같은 일반적인 인간 대다수에게서 나타나는 특성을 말한다. 그러나 안타깝게도 소수의 인간은 이런 특성을 모두 다 갖고 있지는 않다. 신체 장애인에게는 전형적인 신체적 특징 중 몇몇이 없으며, 식물인간에게는 이성이라는 특성이 없기 때문이다. 그렇다면 이들은 비인간으로 분류돼야 할까? 전형적 특성들의 총합을 다 가져야 인간이라는 후쿠야마의 기준은 포스트휴먼이나 로봇, 동물 같은 존재를 쉽게 비인간으로 규정해주는 대신, 몇몇 인간들을 인간에서 배제하고 만다.—이 문제에 대해서는 우리가 이미 6장에서 살펴본 바 있다.—그러나 후쿠야마는 이 전형적인 특성들의 총합이 포스트휴먼이나 동물에게는 없으면서, 모든 인간에게는 있는 그런 총합이라고 말한다. 그런데 문제는 그게 뭐냐는 것이다. 어떤 것이길래 이런 절묘한 구분이 가능한가? 후쿠야마는 그저, 말할 수 없는 'x'라고 대답한다. 그러나 이런 모호한 x는 포스트휴먼은 비인간인데 식물인간은 인간인 이유를 설명하지 못한다. 어쩌면 후쿠야마의 x는 말할 수 없는 게 아니라 아예 없는 것일 수도 있다.

그래서 트랜스휴머니스트는 반대론자들이 말하는 인간 본성은 인간에 대한 적절한 기준이 될 수 없다고 말한다. 그렇다면 트랜스휴머니스트가 생각하는 인간의 본성은 어떤 것일까? 그들에 따르면, 인간의 본성은 "역동적이고, 부분적으로 인간이 만든 것이며, 개선 가능한 것"이라고 말한다.(Bostrom, N., "In Defense of Posthuman Dignity", *Bioethics*, Vol. 19, No 3, 2005, P.213) 고정불변하는 자연적이고 전형적인 어떤 x가 아니라, 역동적으로 변화하고 만들어지고 개선되는 것 자체가 인간의 본성이라는 것이다. 인간은 원시시대부터 지금까지 자신의 생물학적 수명과 질병의 취약함을 개선하고, 사회적인 기능과 기술적인 기능을 확장시켜왔다. 더 오래 살고, 더 건강해졌으며, 더 똑똑해지고, 더 정치적이며, 더 외교적인 존재가 되었다. 인간은 지금까지 정체되지 않고 끊임없이 인위적인 변화를 겪어온 것이다. 그렇게 변화하는 역동성이 바로 인간의 본성이라는 게 트랜스휴머니즘의 입장이다.

우리 인간은 역동적으로 변화해왔다. 그러나 그렇다고 우리가 인간 아닌 비인간이 된 것은 아니며, 존엄성이 훼손된 것도 아니

다. 우리는 여전히 인간이며, 존엄하다. 트랜스휴머니스트는 앞으로 우리의 후손들이 어느 날 포스트휴먼으로 변신하더라도 이러한 상황에는 변함이 없다고 본다. 수렵 채집인이 인간이었고 현재 우리가 인간이듯이 포스트휴먼도 인간이라는 것. 인간이 포스트휴먼으로 변신해도 인간 존엄성은 훼손되지 않는다는 것이다. 포스트휴먼도 존엄한 인간이라는 거다.

포스트휴먼은 훌륭하다!

다음으로, 포스트휴먼이 되면 인간의 훌륭한 특성이 사라진다는 반대론자들의 주장을 되돌아보자. 반대론자들은 인간의 본성은 겉으로 보기에 부족한 것도 실은 훌륭하고 신성한 것이며, 이를 고쳐서 포스트휴먼으로 변신하면 본성의 훌륭함이 파괴된다고 말한다. 훌륭한 인간이 타락하게 된다는 것이다.

이에 대해 트랜스휴머니스트는 인간의 본성은 반대론자들이 믿는 것처럼 그렇게 훌륭한 것은 아니라고 대응한다. 예를 들어 보스트롬은 인간의 본성은 종종 끔찍할 만큼의 공포를 불러온다고 말한다. 인간은 때때로 자연적인 암, 말라리아, 치매, 노화, 불필요한 고통, 인지적 결핍을 겪기 때문이다. 우리의 몸은 질병에 취약한 구조로 되어 있어서 자연스럽게 암이나 말라리아 같은 질병에 걸리기도 하고, 자연스러운 뇌의 노화로 인해 치매에 걸리기도 한다. 또한, 선천적인 인지장애로 평생 고통을 겪기도 한다. 이런 것들은 다 인간의 자연적인, 생물학적 특성에서 비롯된다. 게다가 인간의 본성은 종종 인종주의, 집단 학살, 살인과 같은 끔찍한 일을 저지르기에 취약한 측면들도 포함하고 있다. 인간의 마음에는 선천적으로 선한 부분도 있지만 악한 부분도 있기 때문이다. 본능적인 욕심 때문에 학살이나 살인을 저지르기도 하고, 본능적으로 쉽게 인종주의에 빠지기도 한다. 과연 이런 것들이 훌륭하고 성스러운 것일까? 이런 게 훌륭한 거라면 우리는 누군가 질병에 걸리면 이렇게 말해야 할 것이다. "어머나 병에 걸렸네요. 훌륭하네요!!"라고 말이다. 보스트롬은 이런 인간의 자연적인 본성은 인간에게 유해하며, 반대론자들의 주장과 달리 이런 본성은 존경하고 존중되어야 할 것이 아니라 현명하게 거부되어야 한다고 본다. 그리고 그 일을 가능하게 해주는 것이 포스트휴먼 기술이다.

그런데도 반대론자들은 본성에 손을 대면 다양성, 열정, 연민 같은 훌륭한 특성들이 사라진다고 주장하는데, 트랜스휴머니스트는 이런 주장은 지나치게 비관적이라고 말한다. 포스트휴먼이 된다고 해서 반드시 사람들의 얼굴이 다 똑같아지고 열정이나 연민, 천재성 등이 사라진다고 보기는 어렵다는 것이다. 오히려 반대론자들의 예상과 달리, 유전자와 기계, 실리콘의 다양한 합성으로 현재의 인류보다 더 개성이 강화될 수도 있다. 눈 하나만 하더라도 어떤 유전자와 기계를 합성하느냐에 따라 다양한 형질은 가능하다. 히아신스꽃, 사슴, 기계를 합성해서 히아신스의 보랏빛 눈동자, 사슴처럼 커다란 눈망울에 시력 5.0인 눈을 가질 수도 있고, 다른 유전자와 기계를 합성해 수국 빛깔 홍채에 강아지처럼 귀여운 쌍꺼풀, 맵 데이터가 내장된 눈을 가질 수도 있다. 다양하다면 더 다양해질 수 있는 것이다. 사람들은 자신들이 모두 다 똑같은 얼굴을 하는 것을 원하지 않기 때문에 포스트휴먼 기술도 개성을 살리는 방향으로 발전할 수 있다. 또한, 포스트휴먼이 되면 무엇이든 안 되는 것보다 되는 것이 더 많아지므로 예전보다 더 많은 것들을 꿈꿀 수 있고, 더 많은 것들을 열망할 수 있다.

후쿠야마는 인간의 특성들이 서로 영향을 주기 때문에 부족한 특성이 사라지면 좋은 특성도 사라진다고 주장하지만, 트랜스휴머니스트는 부족한 특성이 사라지면 그 영향으로 좋은 특성이 강화된다고 본다. 질병의 요소를 없애면 건강이 더 좋아지고, 노화

트랜스휴머니스트는 인간과 포스트휴먼이 평화롭게 공존할 수 있다고 본다.

를 없애면 영원히 젊음을 유지할 수 있고, 뇌에 컴퓨터를 넣으면 무엇이든 기억하고 계산하고 현명하게 판단할 수 있기 때문이다. 기존의 훌륭한 특성들이 사라지는 게 아니라 훌륭한 특성들이 더 강화되고 추가된다는 것. 게다가 트랜스휴머니스트는 우리가 포스트휴먼이 되면 도덕적인 능력도 더 향상될 수 있다고 본다. 포스트휴먼은 감정을 통제하는 능력과 뛰어난 공감 능력을 지닐 수 있기 때문이다. 예를 들어 컴퓨터화된 뇌를 통해 분노나 욕심을 제어하고 네트워크를 통해 타인의 마음을 그대로 전달받을 수 있다. 이런 능력은 불우한 이웃을 돕고 다른 사람들과 연대하며 행동하는 도덕적 행위의 원동력이 된다. 포스트휴먼이 되면 더 착해질 수 있는 것이다.

이렇게 트랜스휴머니스트는 우리가 포스트휴먼이 되면 지금보다 더 훌륭해질 수 있다고 본다. 비관적인 시나리오 보다 희망찬 시나리오가 현실성이 더 크다는 것. 따라서 그들은 비관적인 시나리오 때문에 건강, 젊음, 높은 지능을 갖고자 포스트휴먼이 되려는 개인의 선택을 금지하는 것은 옳지 않다고 본다.

포스트휴먼과 인간의 공존

포스트휴먼 반대론자들의 세 번째 공포는 포스트휴먼이 인간에게 위협이 될 수 있다는 것이었다. 안나스는 새로운 종인 포스트휴먼이 인간을 노예화하거나 실험대상으로 여길 것이라고 주장했고, 후쿠야마는 인간은 이런 상황이 되어도 포스트휴먼한테 평등을 요구할 수 없다고 말했다.

그러나 트랜스휴머니스트는 이러한 상상이 그럴듯하다고 보지 않는다. 우선, 그들은 포스트휴먼과 인간이 전혀 다른 종이라는 반대론자들의 전제에 문제가 있다고 본다. 포스트휴먼은 어느 날 갑자기 하늘에서 내려온 외계인이 아니라 어제까지만 해도 인간이었던 존재이고, 많은 부분이 인간과 중첩되는 존재다. 오늘 내가 유전자를 변형하고 몸에 기계를 넣었다 해도 나는 여전히 어제의 나 자신에서 이어져 온 나다. 조금 더 건강하고, 똑똑해지긴 하였으나 어제와 똑같은 왼쪽 다리와 눈을 지니고 있으며, 어제와 마찬가지의 성격과 취향을 가지고 있다. 포스트휴먼은 새로운 종이 아니고 변화하는 과정 중에 있는 인간의 연속체인 것이다.

기술에게 정의를 묻다

다음으로, 트랜스휴머니스트는 포스트휴먼이 인간을 노예화하고 학살하는 그런 일이 가능하다 하더라도 정책과 법을 통해 규제할 수 있다고 본다. 사실, 기존의 인간 사회에서도 하나의 집단이 다른 집단을 노예화하거나 학살하는 일은 종종 발생하곤 했다. 백인이 흑인을 노예로 부리고 나치가 유대인을 학살했던 역사가 있었고, 현재에도 종종 인종차별적인 행위가 일어나곤 한다. 그래서 현대 사회는 법과 제도를 만들어 하나의 집단이 다른 집단을 노예화하거나 학살하거나 함부로 대하는 것을 방지하고 있다. 사회가 서로 연대해야 할 필요성, 인권의 중요성, 차별의 비도덕성 등에 대해 교육하고 차별과 폭력을 방지하고 처벌하는 법과 제도를 통해 이러한 상황을 제어하고 있는 거다. 트랜스휴머니스트는 포스트휴먼이 등장해도 이러한 상황은 마찬가지라고 본다. 현대 사회에서 야만적인 학살이나 노예화가 벌어지지 않는 것처럼 포스트휴먼이 등장해도 우리는 충분히 그러한 평화를 유지할 수 있다는 것. 지금도 다른 이들보다 지적으로나 육체적으로 능력이 월등히 뛰어난 사람들은 많다. 그렇다고 그들이 자신의 능력을 이용해서 다른 이들을 노예로 부려 먹지는 못한다. 우리에게는 이것을 비도덕이라고 가르쳐온 도덕률이 있고, 서로 연대해야 한다는 교육이 있고, 노예화나 학살을 처벌할 권력기관과 제도가 있기 때문이다. 트랜스휴머니스트는 이러한 사회에 더 능력이 뛰어난 존재인 포스트휴먼이 추가된다고 해서 특별히 상황이 달라진다고 보지는 않는다.

오히려 트랜스휴머니스트는 인간이 포스트휴먼을 차별할 수도 있다고 본다. 포스트휴먼을 비인간이라고 생각하기 쉽기 때문이다. 어쩌면 사람들은 포스트휴먼을 괴물이라 낙인찍어 함부로 대하고 사회 구성원으로서 누려야 할 권리를 박탈할 수도 있다. 자신의 성별 정체성을 바꾼 트랜스젠더에 대해 많은 사람이 보냈던 따가운 시선을 기억해보라. 많은 사람이 그들을 고용 및 교육에서 차별했고, 그들의 성별을 인정하지 않았으며, 혐오 발언을 서슴지 않았다. 신체를 기계로 갈아 끼우고 뇌에 컴퓨터를 넣은 포스트휴먼은 그들보다 더 이질적인 존재로 느껴질 것이다. 포스트휴먼도 사람들에게 멸시와 차별을 당할 위험이 있는 것이다. 그래서 보스트롬은 이런 문제에 대비하여 관용과 수용의 풍조를 키우는 사회적 치료가 필요하다고 말한다. 포스트휴먼에의 선택을 존중하고 다름을 포용하는 사회적 풍조가 필요한 것이다. 트랜스휴머니스트는 이러한 풍조를 위해서는 포스트휴먼이 인간을 위협할 것이라는 반대론자들의 공포는 도움이 되지 않는다고 말한다.

　트랜스휴머니스트는 인간과 포스트휴먼이 공존하는 세상에서는 '도덕적 지위'의 범위가 더 넓어져야 한다고 생각한다. 인간, 동물, 인공지능, 포스트휴먼 등 지능이 있거나 쾌고감수능력을 지닌 모든 존재가 도덕의 울타리 안에 들어와야 한다는 것이다. 트랜스휴머니스트는 이러한 세상이 현 인류가 나아가야 할 미래이며, 우리 인류가 꿈꾸어도 되는 희망이라고 본다.

앞에서 포스트휴먼 반대론과 트랜스휴머니즘을 살펴보았다. 이번에는 조금 색다른 입장을 소개할까 한다. 포스트휴머니즘 (posthumanism)이라는 입장이다. 포스트휴머니즘은 트랜스휴머니즘이나 포스트휴먼 반대론과는 달리, 포스트휴먼을 '인간 개념 해체'라는 관점에서 바라본다.

경계를 해체하라

다시 한번 생각해보자. 포스트휴먼은 어떤 존재일까? 인간인가, 비인간인가? 반대론자들은 그를 '비인간'이라고 부르고, 트랜스휴머니스트는 '더 나은 인간'이라 생각한다. 그런데 포스트휴머니스트는 그를 인간도 비인간도 아닌 '경계가 해체된 존재'라고 본다. 왜냐하면, 포스트휴먼은 인간적 요소와 비인간적 요소가 하나로 접합된 일종의 '잡종'이기 때문이다. 동물의 유전자와 인간의 유전자가 뒤섞이고. 유기체적인 살과 뼈, 실리콘과 기계, 컴퓨터가 혼합된 잡종 말이다.

잡종인 포스트휴먼은 인간과 비인간의 경계가 해체되어 있다. 유전자가 뒤섞이면서 동물과 인간의 경계가 사라지고, 생물학적인 몸과 기계, 뇌와 컴퓨터가 결합하면서 인간과 기계, 컴퓨터 사이의 경계도 흐려진다. 포스트휴먼의 생각과 행동은 인간과 기계와 동물의 요소들이 혼합된 채 이루어진다. 뇌와 컴퓨터가 섞여서 사고하고, 동물과 인간의 유전자, 생물학적 살과 기계, 로봇, 실리콘이 혼합된 채 숨을 쉬고, 행동하고 움직인다. 이 과정에서 순수하게 인간적인 것과 비인간적인 것, 자연적인 것과 인공적인 것의 구분은 무의미하다.

이렇듯 경계가 해체되었기 때문에, 포스트휴먼은 인간이라 할 수도 없고, 비인간이라 할 수도 없다. 그는 인간이면서도 기계이고, 자연적이면서도 인공적인 모호한 존재이다. 인간/비인간 이분법은 그에게 적용이 되지 않는 것. 포스트휴먼은 그런 흔한 프레임으로는 설명이 되지 않는 존재인 것이다.

캐서린 헤일스(N. Katherine Hayls), 도나 해러웨이(Donna J. Haraway) 등과 같은 포스트휴머니스트는 이렇게 경계가 사라지고 이분법이 해체된 포스트휴먼을 인간에 대한 새로운 패러다임으로서 지지한다. 이제 인간은 인간/비인간 이분법을 탈피해서 경계가 해체된 존재로 규정되어야 한다는 것이다. 그 이유는 기존의 이분법이 여러 가지의 차별을 일으키는 화근으로 작용해왔기 때문이다.

그동안 인간은 이성적이고 자율적이며 정합적인 주체로 규정되었고, 이러한 인간 개념은 인간/비인간의 이분법의 기준이 되었다. 즉, 인간은 이성적이고 자율적인 주체이며, 비인간은 비이성적이고, 비자율적인 타자라는 것이다. 그리고 우리는 자연스럽게 전자를 우월한 것으로, 후자를 열등한 것으로 간주했다. 이성적이고, 자율적인 인간은 우월하지만, 비이성적이고 비자율적인 비인간, 예를 들어 동물이나 물건이나 기계 등등은 인간보다 열등하다는 것이다. 그래서 우리는 인간인 우리 자신이 여타의 비인간보다 우월한 존재로서 그들을 지배할 권한을 갖는다고 생각하고 있다. 이러한 것이 우리가 그동안 받아들여 온 인간과 비인간에 대한 이분법이다. 이런 생각을 '계몽주의 휴머니즘'이라고 부른다.

여기까지는 좋다. 우리가 우리 자신을 높이 추켜올리는 게 뭐가 문제겠는가. 그런데 문제는 이 인간/비인간 이분법이 백인/흑인, 남성/여성 사이의 차별을 정당화하는 근거가 된다는 사실이다. 남성이 여성보다, 백인이 흑인보다 인간의 특징을 더 많이 가진 것처럼 보이기 때문이다. 예를 들어 남성은 이성적이고 자율적이지만, 여성은 감정적이고 의존적이라는 통념이 있다. 사람들이 흔히 가지는 이 통념에 따르면 여성은 남성보다 인간적 특성을 '덜' 가진 존재가 되어버린다. 인간은 우월하고 비인간은 열등한데 여성은 그 열등한 쪽의 성향을 지닌 것이다. 이렇듯, 인간/비인간 이분법이 가정하는 인간 특성의 우월성은 백인/흑인, 남성/여성, 인간/동물 등의 이항관계에서 비인간 특성에 해당하는 존재들을 차별하는 근원의 역할을 해왔다.

이러한 차별을 철폐하기 위해서 자주 쓰여왔던 전략은, 이 글을 읽는 독자들도 생각하듯이, 여성이 남성보다, 흑인이 백인보다 덜 이성적이지 않음을 보이는 것이다. 많은 학자가 이 점을 비판하며 논쟁을 벌여왔지만 이런 편견을 수그러들게 하는 일은 쉽지가 않았다. 그래서 포스트휴머니스트는 새로운 전략을 사용한다. 아예 인간/비인간 프레임을 벗어나 '인간' 개념 자체를 해체하자는 것이다. 차별의 화근인 인간과 비인간의 이분법을 지우고 경계를 해체하자는 것이다.

그런데 놀랍게도 이러한 해체가 가시적으로 표현된 존재가 바로 포스트휴먼이다. 여기저기 인간과 비인간을 이어붙이고 살과 기계를 결합해 경계가 사라진 사이보그(cyborg) 말이다. 그래서 포스트휴머니스트는 포스트휴먼을 환영한다. 포스트휴먼은 인간/비인간의 이항 대립적인 이분법에 대한 도전이라는 점에서 의미가 있다는 것이다.

우리는 이미 포스트휴먼

그리고 포스트휴머니스트는 이미 인간 개념은 기술시대에 들어서며 와해되기 시작했다고 본다. 예를 들어 인간만의 전유물이라고 생각했던 이성적 능력은 어느새 기계인 컴퓨터와 AI에도 생겨나기 시작했다. 채팅으로 대화해서 블라인드 건너편의 존재가 사람인지 컴퓨터인지를 맞추는 '튜링 테스트'라는 것이 있는데, 이 테스트를 통과하는 컴퓨터가 해마다 늘고 있고, AI는—우리가 5장에서도 살펴본 것처럼—어느새 인간보다 퀴즈를 잘 풀고, 바둑도 잘 두게 되었다. 게다가 계산, 추리, 논리적 지능은 인간보다 기계가 더 앞서지 않던가? 이성은 이제 인간만의 고유한 특성이 아닌 거다. 자율성이나 독립성도 이제 인간의 본성이라고 보기 어렵다. 기술을 숨 쉬는 공기처럼 사용하며 살아가는 현대인들 가운데 완전히 자율적이고 독립적인 주체가 있을까? 현대인은 기술 없이는 살 수 없을 정도로 기술에 의존하고 있다. 아침에 눈을 뜨면 전구의 기술로 불을 밝히고, 전기밥솥 기술로 밥을 먹고, 지하철의 기술 덕분에 학교에 간다. 스마트폰, 컴퓨터, 인터넷 기술로 대화를 하고 정보를 얻고 생각을 하고 기록을 한다. 기술 없이는 어떤 것도 하지 못한다. 자율성이라는 기존의 인간 개념으로는 현대를 살아가는 인간을 제대로 설명할 수 없다.

게다가 현대인은 언제나 기술과 연결된 채 살아간다. 필자가 이 글을 쓰는 지금, 이 순간도 필자는 키보드, 마우스, 컴퓨터, 안경과 연결되어 있다. 필자의 글은 뇌와 손가락, 컴퓨터, 모니터, 키보드의 합작품이다. 필자는 키보드와 더불어 글을 쓰고 모니터에 나타나는 글자들과 더불어 생각하고 컴퓨터와 더불어 수정한다. 이 활동에서 인간적인 것과 기술적인 것의 구분은 모호하다. 인간과 기술이 하나로 얽혀 있는 것이다. 컴퓨터를 끄면 필자는 다시 스마트폰과 하나로 얽힐 것이다. 스마트폰으로 정보를 검색하고 검색된 정보로 생각하고 네트워크와 연결된 타자들과 이미지로 소통할 것이다. 스마트폰 정보 검색은 이미지, 데이터, 네트워크이면서 동시에 인간의 생각과 소통이기도 하다. 역시나 이 활동에서 인간과 기술은 완벽하게 분리되지 않는다.

즉, 현대인은 기술과 밀착된 활동을 하고 있다. 늘 기술에 의존하고 늘 기술을 사용하고, 늘 기술과 더불어 활동한다. 마치 인간과 기술이 하나로 합체된 것 같이. 말하자면, 현대인은 기술이 몸 안에 들어오지 않았을 뿐, 개념적으로는 모두 포스트휴먼이고 사이보그인 셈이다.

포스트휴머니스트는 바로 이러한 사실을 인식해야 한다고 본다. 우리는 이미 사이보그이고, 잡종이며, 모자이크이고 키메라라는 것을. 우리는 인간이면서 동물이고, 기계이며, 자율적이면서 의존적인 경계가 해체된 존재라는 것이다. 포스트휴머니스트는 우리가 우리 자신을 그렇게 경계가 해체된 존재로 인식하기 시작하면 백인/흑인, 남성/여성, 그리고 인간/동물 사이의 지배-피지배 구조 역시 자연스레 와해될 것이라고 본다. 왜냐면, 그 구분 자체가 무의미해질 것이기 때문이다.

지금까지 포스트휴먼에 대한 여러 가지 철학적 입장들을 살펴보았다. 포스트휴먼 반대론자들은 포스트휴먼을 공포의 대상으로 단정했고, 트랜스휴머니스트들은 건강하고 지혜로운 우리의 삶을 위한 희망으로 보았으며, 포스트휴머니스트들은 인간/비인간 해체라는 의미에서 긍정적으로 평가하였다. 반대론자들에게 "포스트휴먼은 그저 '비인간'이지만, 트랜스휴머니스트에게는 '더 나은 인간'이고 포스트휴머니스트에게는 '탈인간'이라 할 수 있겠다. 독자들은 어떻게 생각하시는지? 기계가 점차 우리 몸 안으로 들어오고 있는 이 시대에 한 번쯤은 고민해볼 만한 문제이다. 과연, 포스트휴먼은 어떤 존재일까?

에필로그

기술에게 정의를 묻는 이 책의 긴 여정이 끝났다. 우리는 첨단 과학기술과 관련해서 생각해볼 수 있는 여러 가지 문제들을 살펴보았고, 윤리적 관점에서 고민했으며, 다양한 대답들을 성찰해보았다. 1장부터 7장까지의 이야기들을 짧게 회고해보면 다음과 같다.

1장은 뇌신경과학 기술과 관련하여 뇌를 향상하는 약의 현황과 부작용 문제, 그리고 부작용이 제거되더라도 남는 윤리적 정당성의 문제를 고민해보았다. 이 과정에서 뇌 향상 약물의 비도덕성을 비판하는 반대론과 치료/향상 기준의 모호성, 약의 유익성을 주장하는 찬성론의 첨예한 대립을 살펴보았고, 이를 통해 똑똑해지는 약이 윤리적인 관점에서 옳은지를 성찰하였다.

2장은 뇌신경과학 기술을 통해 기억을 제거하는 문제를 다루었다. 기억을 지울 때 생길 수 있는 정체성 상실, 자율성 약화, 교훈 상실, 범죄와의 연루 가능성, 증인 회피의 문제 등 다양한 문제들을 살펴보았고, 그 반대 측의 견해로 라오와 샌드버그의 주장을 고찰함으로써 기억 제거의 정당한 측면을 검토해보았다.

3장은 유전공학 기술인 맞춤 아기 문제를 학자들의 찬반론을 중심으로 살펴보았다. 아이를 선물로 받아들이지 않고 유전자 맞춤을 하는 것은 부모로서 올바른 태도가 아니며, 이러한 태도가 만연해질 경우, 겸손, 책임, 연대감이라는 도덕성이 무너진다는 샌델의 주장과 맞춤 아기 유전공학이 아이의 자율성을 침해한다는 하버마스 등의 반대론을 살펴보았고, 이에 대해 반론을 제기하는 뷰캐넌, 해리스 등의 찬성론도 살펴보았다. 이를 통해 맞춤 아기 유전공학의 부당함과 정당함이 각기 어떤 측면에서 나오는 것이고, 부모의 진정한 덕목은 어떤 것인지를 다양한 관점에서 들여다보았다.

4장에서는 컴퓨터공학의 VR 기술이 일으킬 수 있는 문제들을 다양한 각도로 짚어보았다. 현실처럼 생생한 VR로 인한 가상현실과 현실 사이의 혼동, 다양한 자아의 출몰로 인한 정체성의 분열, 더 편리한 가상현실로의 도피, VR에서의 프라이버시 침해, 가상 범죄 등 가상현실이 우리에게 일으킬 심리적, 사회적, 윤리적 문제들을 검토해보았다.

5장은 로봇공학의 발전으로 생길 수 있는 여러 가지 문제들을 고민해보았다. 로봇의 사용으로 줄어드는 인간의 일자리 문제, 윤리적인 로봇을 만드는 방법, 로봇에게도 권리를 줄 수 있는지에 대한 문제 등 논란이 일으키고 있는 다양한 이슈들을 살펴보았다.

6장에서는 그동안 과학기술의 발전을 위해 행해져 온 동물실험의 정당성 문제를 철학자들의 논쟁을 토대로 살펴보았다. 인간과 동물의 동일한 이익은 동등한 비중을 두어 고려해야 한다고 보는 싱어, 레이첼스 등의 반종차별주의와 이에 맞서 동물실험의 정당성을 주장하는 종차별주의자 간의 토론을 들여다보면서 동물실험에게 정의를 묻는 작업을 진행하였다.

마지막으로 7장은 뇌신경과학, 유전공학, 컴퓨터공학, 로봇공학, 나노공학 등 기술의 융합이 만들어낸 포스트휴먼을 다루었다. 컴퓨터, 기계, 유전자, 인간의 생물학적 몸이 뒤섞인 존재인 포스트휴먼을 세 가지 시선을 통해 접근하고, 존엄성, 훌륭함, 인간 개념 해체의 관점에서 분석하였다. 이를 통해 인간 존엄성이란 무엇이고, 인간/비인간을 구분하는 기준은 무엇인지를 다양한 관점에서 성찰하였다.

1장부터 7장에 이르기까지 기술에게 정의를 묻는 과정에서 우리는 인간을 향상하는 것과 받아들이는 것, 자아정체성의 기준, 부모의 덕목, 가상현실과 현실, 권리, 평등, 존엄성의 근거, 인간과 비인간을 구분하는 기준 등, 다양한 성찰을 수행하였다.

1장의 똑똑해지는 약, 2장의 기억 제거, 3장의 맞춤 아기, 7장의 포스트휴먼은 인간을 향상하는 것과 자연을 받아들이는 것 사이에서 어떤 선택을 하는 것이 옳은지를 성찰하게 한다. 기술은 언제나 우리를 향상해왔다. 농기구, 자동차의 개발은 우리 신체의 한계를 확장했고, 백신 기술은 인간 수명의 한계를 확장했으며, 컴퓨터 기술은 인간 지능의 한계를 보완했다. 앞으로도 기술의 발전은 우리를 향상할 것이다. 그런데 이렇게 계속 향상해도 되는 것일까? 약으로 뇌를 향상하고, 뇌를 조작해 망각능력을 확장하고, 유전자를 편집해서 선천적인 능력을 향상하고, 몸속에 기계와 컴퓨터를 넣어 슈퍼맨이 되어도 괜찮은 것일까? 이에 대한 다양한 학자들의 다양한 견해를 살펴보았고, 그들의 논쟁은 아직 끝나지 않았다. 우리는 어떤 것을 선택해야 할까? 자연을 받아들이는 것이 옳다고 본다면, 어째서 유독 지금이어야 하는지에 대한 설명이 필요할 것 같고, 향상이 정당하다고 본다면 향상으로 생길 수 있는 불이익을 줄일 방책들을 차근차근 준비해야 할 것이다.

2장의 '기억지우개'와 4장의 VR 자아들은 나의 자아정체성이 무엇인지 생각하게 한다. 나의 기억과 물리적 신체는 '나'의 정체성을 구성하는 중요한 요소이기 때문이다. 과연 새로 생겨난 VR 속의 이미지로서의 나와 기억이 지워진 나는 진정한 '나'인가? 나의 정체성에 대한 개념을 확립할 때 이 질문에 대한 대답이 가능할 것이다.

3장의 맞춤아기 논쟁은 향상에 대한 논쟁이면서 동시에 부모의 덕목에 대한 논쟁이기도 하다. 아이에게 좋은 유전자를 주어 행복한 삶을 살 가능성을 확장해주는 것이 부모로서 옳은 태도인지, 아이를 선물로 받아들이는 것이 부모의 덕목인지를 맞춤 아기 유전공학이 우리에게 묻는 것이다. 아이의 행복을 위해 최선을 다하는 것이 좋은 부모라고 생각한다면, 지금의 교육 행태도 바람직한 것으로 볼 수 있을 것이고, 아이를 선물로 받아들이는 것이 부모의 덕목이라면 어디까지가 선물로 받아들이는 행태에 속하는 것인지 분명한 선을 그어줄 기준을 마련해야 할 것 같다. 관점에 따라서는 평범한 교육이나 의료적인 치료도 아이를 선물로 받아들이는 태도에 해당하지 않을 수 있기 때문이다.

4장은 가상현실과 현실의 차이와 유사성에 대해 생각하게 한다. VR로 인해 생기는 문제들은 한편으로는 가상현실과 현실이 다르기에 비롯되기도 하고, 다른 한편으로는 가상현실과 현실이 비슷하기에 발생하기도 한다. 가상현실과 현실의 혼동하는 문제는 두 세계의 존재론적 차이를 잊음으로써 생기며, 프라이버시 침해나 가상의 범죄는 가상현실이 현실만큼의 영향을 준다는 사실을 무시할 때 발생한다. 어떻게 하면 두 세계의 차이와 유사성을 인지해가며 두 세계의 이점을 누릴 수 있을까? VR이 또 하나의 현실이 되어가는 현시대에 우리가 한 번쯤 생각해볼 문제다.

5장의 로봇, 6장의 동물실험, 7장의 포스트휴먼은 우리에게 권리, 평등, 존엄성과 같은 기본적인 윤리 개념에 대한 성찰을 이끈다. 5장은 인간이 아닌 로봇에게 권리를 줄 수 있는지, 6장은 동물이 실험을 당하지 않을 권리가 있는지, 7장은 포스트휴먼이 존엄한 존재인지를 묻고 있으며, 5, 6, 7장은 모두 로봇, 동물, 포스트휴먼이 인간과 평등할 수 있는지를 다루고 있다. 즉 권리, 평등, 존엄성의 근거가 무엇인지에 대한 질문을 우리에게 던지는 것이다. 그 근거로 자주 제시된, 상식적인 대답은 '인간'이었다. 로봇, 동물, 포스트휴먼은 인간이 아니기에 인간과 평등할 수 없으며, 같은 권리를 가지지 않으며, 존엄하지 않다는 것이다. 그러나 이 대답은 다시 인간이란 무엇이며, 인간/비인간을 구분하는 기준은 무엇인지에 대한 질문으로 환원될 수밖에 없는데, 그 기준을 제시하는 일은, 6장의 철학자들이 잘 정리해주었듯이, 매우 어려운 일이었다. 인간과 비인간을 확연히 구분하는 특성은 없으며, 이를 근거로 평등이나 권리의 고려에서 비인간을 배제하면 몇몇 인간도 배제될 수밖에 없기 때문이다. 과연 인간/비인간을 구분하는 기준은 어떤 것이며, 평등이란 무엇이고, 존엄성의 트로피는 누가 가질 수 있는 것일까? 인간이 그 어떤 존재보다 높은 지위를 누리며, 존엄하다고 주장하려면 비인간은 가질 수 없는 인간만의 본성을 설명할 수 있어야 할 것이고, 그럴 수 없다면 평등, 권리, 존엄성의 근거를 다른 데서 찾아야 할 것이다. 싱어의 이익 평등 고려의 원칙이나 포스트휴머니스트의 인간 개념 해체가 그 답이 될지도 모르겠다.

과학기술의 발전은 인간이 아닌 로봇, 동물, 그리고 인간으로 태어나기 전인 배아의 유전자, 인간인지 아닌지 혼란스러운 포스트휴먼, 현실이 아닌 가상현실 같은 존재들을 정의, 옳음, 도덕의 범주 안에 들여놓고 우리를 고민하게 만든다. 우리에게는 이 존재들을 모두 아우르는 폭넓은 정의가 필요하다. 이를 위해서는 기존의 정의를 다시 돌아보는 시간이 필요하다. 그동안 우리의

기술에게 정의를 묻다

정의는 우리를 평등하게 대우했는지, 정당한 권리를 주었는지, 존엄성을 지켜주었는지, 좋은 부모가 되게끔 이끌었는지, 사회의 범죄를 방지하였는지, 사회 구성원을 위험으로부터 지켰는지·기존의 정의를 제대로 정비해야 새로운 기술시대의 정의도 가능하기 때문이다.

이 책은 기술시대의 정의를 모색하며, 기술과 인간과 정의에 대한 여러 가지 문제들과 다양한 학자들의 견해를 탐색하였다. 어떤 견해가 정답일까? 섣불리 결론을 내리기는 어렵다. 그러나 중요한 건 정답을 결정하는 것보다는 정의를 묻는 물음에 있다. 어떤 것이 정의로운 것인지 생각하고, 묻고, 요청할 때 우리는 부정의, 부당함, 불평등에 안주하지 않고 정의, 정당함, 평등을 향해 나아갈 수 있기 때문이다. 그게 바로 우리가 자부하는 인간의 특성인 이성의 할 일이 아니겠는가.

기술에게 정의를 묻는 이 책의 질문들과 성찰들은 필자가 한양대학교 교수로서 10년간 학생들에게 강의한 '기술시대의 인간과 윤리', '과학에게 정의를 묻다'의 내용을 녹여 담은 것이다. 이 강좌들은 철학 수업이어서 난이도가 높은 편인데도, 학생들이 매 학기 재미있게 수강하는 강좌들이다. 학생들의 강의평을 보면 "흥미롭다", "즐겁다", "생각의 폭이 넓어진다", "다양한 생각을 해 볼 수 있다"는 평이 많다. 필자는 이 강좌들을 녹여낸 이 책이 독자들에게도 흥미로운 토론과 다양한 생각을 하는 발판이 되었으면 하고 희망해본다.

책을 닫으며, 이 책이 나오기까지 도움 주신 모든 분들에게 감사드린다.

특별히, 나의 딸, 정원에게 사랑을 전한다. 정원이가 앞으로 살아갈 시대는 지금보다 정의롭고 평등하고 행복하기를 바라며.

2023년 1월

이채리

1장 | 똑똑해지는 약, 먹어도 될까?

· Battleday, RM., Brem, AK.,"Modafinil for cognitive neuroenhancement in healty non-sleep-deprived subjects: a systematic review, *European Neuropsychopharmacology*, 2015.

· Bostrom, N., Roach, R., "Ethical Issues in Human Enhancement", eds., J. Ryberg, T. Peterson & C. Wolf, *New Waves in Applied Ethics*, Pelgrave Macmillan, 2008.

· Bostrom, N., Sandberg, A., "Cognitive Enhancement : Methods, Ethics, Regulatory Challenges", *Science and Engineering Ethics*, 15, 2009.

· Buchanan, A., "cognitive enhancement and education", *Theory and Research in Education*, 9(2), 2011.

· Elliott, R., "Effects of methylphenidate on spatial working memory and planning in healthy young adults," *Psychopharmacology*, 131(2), 1997.

· Rapoport, J. I., et al. "Dextroamphetamin, It's Cognitive Behavior Effect in Normal and Hyperactive Boys and Normal Men," *Archives of general psychiatry* 37(8), 1980.

· Lees, J., Michalopoulou, PG, Lewis, SW, "Modafinil and cognitive enhancement in schizophrenia and healthy volunteers: the effects of test battery in a randomised controlled trial", *Psychological Medicine*, Vol 47, 13, 2017.

· Levy, N., *Neuroethics*, Cambrige Univ. Press, 2007.

· Martha Farah, J., "Neuroethics : The Practical and Philosophical", *Trends in Cognitive Sciences*, Vol. 9, Jan. 2005.

· Martha Farah, J., et al., "When we enhance cognition with Adderall, do we sacrifice creativity? A preliminary study", *Psycopharmacology*, 202. 2009.

· Naam, R., *More than Human*, N.Y., 2005.

· Nature, 2018, https://www.nature.com/articles/d41586-018-05599-8

· Sandel, M. J., 이수경 옮김, 『완벽에 대한 반론』, 와이즈베리, 2016,

· Saniotos, A., "Present and future developments in cognitive enhancement technologies", *Journal of Futures Studies*, 14(1), 2009.

· Volkow ND, Wang GJ, Fowler JS, Telang F, Maynard L, Logan J, "Evidence that methylphenidate enhances the saliency of a mathematical task by increasing dopamine in the human brain", *American Journal of Psychiatry*, 2004.

· Yesavage, J. A., Mumenthaler, M. S., Taylor, J. L., Friedman, L., O'Hara, R., Sheikh, J., Tinklenberg, J. & Whitehouse, P. J. (2002), "Donepezil and flight simulator performance: Effects on retention of complex skills", *Neurology*, 59.

2장 | 잊고 싶은 기억, 지울 수 있다면?

· Baard, E., "The guit-free soldier", *Village Voice*, 2003.

· Kass, L.R., "Beyond Therapy : Biotechnology and the pursuit of human improvement", *Meeting of the President's Council on Bioethics*, 2003.

· Levy, N., *Neuroethics*, Cambrige Univ. Press, 2007.

· Liao, S.M., Sandberg, A., "The Normativity of Memory Modification", *Neuroethics*, 2008.

· Loftus, Elizabeth, Ketcham, Katherine, *The Myth of Repressed Memory : False Memories and Allegations of Sexual Abuse*, St. Matin's Press, 1994.

· Ramirez, S., Liu, Xu, Susumu, T., "Creating a False Memory in the Hippocampus", *Science*, 341(6144), 2013.

· Thomson, J.J., "A defense of abortion", *Ethics in practice*, ed., H. LaFollette, Blackwell, 1997.

3장 | 아이의 유전자, 선택할 수 있다면?

· Buchanan, A., *Beyond Humanity*, Oxford Univ. Press, 2011.
· Bostrom, N., Roach, R., "Ethical Issues in Human Enhancement", eds., J. Ryberg, T. Peterson & C. Wolf, *New Waves in Applied Ethics*, Pelgrave Macmillan, 2008.
· Danaher, J., "Human Enhancement, Social Solidarity, and the Distribution of Responsibility", *Ethical Theory and Moral Practice*, 2016, Vol. 19.
· Habermas, J., 장은주 옮김, 『인간이라는 자연의 미래 : 자유주의적 우생학 비판』, 나남, 2003.
· Harris, J., *Enhancing Evolution : The Ethical Case for Making Better People*, Princeton, NJ : Princeton Univ. Press, 2007.
· Lev O., "Will Biomedical Enhancements undermine Solidarity, Responsibility, Equality and Autonomy?", *Bioethics*, Vo. 25, No. 4, 2011.
· McMahan, J., "Cognitive Disablility and Cognitive Enhancement", *Metaphilosophy*, vol. 40, 2009.
· Sandel, Michael J., *The Case Against Perfection : Ethics in the Age of Genetic Engineering*, Harvard Univ. Press, 2009.
· Sandel, Michael J., "Mastery, Hubris, and Gift", *Journal of General Philosophy*, Vol. 2, No. 1, 2015.
· Sandel, Michael J., 이수경 옮김, 『완벽에 대한 반론』, 와이즈베리, 2016.
· Shapiro, Judith R., "Keeping Parents off Campus", *New York Times*, August 22, 2002.
· Walker, M., "Enhancing Genetic Virtue", *Politics and Life Sciences*, Vol. 28, No. 2.
· 이채리, 「유전공학적 향상에 대한 샌델의 비판은 옳은가?」, 『범한철학』, 87집, 범한철학회, 2017.

· Heim, M., 여명숙 역, 『가상현실의 철학적 의미』, 책세상, 1997.
· Raulet, G., "The New Utopia : Communication Technologies", *Telos*, 87, 1991.
· Robins, K., "Cyberspace and the World We Live In" eds. M. Featherstone, R. Burrow, *Cyberspace, Cyberbodies, Cyberpunk*, Sage Pub., 1995.
· Spiegel, James S., "The Ethics of Virtual Reality Technology : Social Hazards and Public Policy Recommendations", *Science & Engineering Ethics*, Oct, Vol. 24 Issue 5, 2018.
· Thomas K. Metzinger & M. Madary, "Real Virtuality: A Code of Ethical Conduct", *Frontier in Robotics and AI*, 2016,
· Turkle, S., *Life on the Screen*, 최유식 옮김, 『스크린 위의 삶』, 민음사, 2003.
· Young Kimberly S., *Caught in the Net*, 김현수 옮김, 『인터넷 중독증』, 나눔의 집, 2000.
· Windt, J., *Dreaming. A Conceptual Framework for Philosophy of Mind and Empirical Research*, Cambridge, MA: MIT Press, 2015.
· 이채리, 『가상현실, 별만들기』, 동과서, 2004.
· 이채리, 「VR, 가상현실의 시대」, 『과학기술의 철학적 이해 2』, 한양대학교 출판부, 2017.

5장 | 로봇과 함께 사는 세상?

· Asimov, I., *Runaround*, Street & Smith, 1942.
· Bentham, J., 강준호 역, 『도덕과 입법의 원칙에 대한 서론』, 아카넷, 2013,
· Kant, I., 백종현 옮김, 『실천이성비판』, 아카넷, 2009.
· Mill J.S., 이종인 역, 『공리주의』, 현대지성, 2020.
· *Rome Call for AI Ethics*, 2020.
· 과학기술정보통신부 & 한국과학기술기획 평가원, 「소셜 로봇의 미래」, 2019.

이상헌, 『융합시대의 기술윤리』, 생각의 나무, 2012.

6장 | 동물실험, 정의로운가?

· Cohen, C., "The case for the use of animals in biomedical research", *The New England Journal of Medicine*, vol. 315, no. 14. 1986.
· Cohen, C. & Regan T., *Animal Rights Debate*, Rowman & littlefield Pub., 2001, Carruthers, The Animal Issue : *Moral Theory in Practice*, Cambridge Univ. Press, 1982.
· Rachels, J., 김성한 역, 『동물에서 유래된 인간』, 나남, 2009.
· Ryder, Richard D., "Painism : Moral Rules for the Civilized Experimenter", *Cambridge Quarterly of Healthcare Ethics*, Vol. 8, Jan., 1999.
· Regan, T., "An Examination and Defense of One Argument Concerning Animal Rights", *Inquiry* 22, 1979.
· Singer, P., 황경식, 김성동 역, 『실천윤리학』, 연암서가, 2014.
· Singer, P., 김성한, 역, 『동물해방』, 연암서가, 2012.
· Nobis, N., "Carl Cohen's 'Kind' Arguments For Animal Rights and Against Human Rights", *Journal of Applied Philosophy*, Vol. 21, No, 1, 2004.
· Nozick, R., " About Mammals and people" *The New York Times Book Review*, 27, nov., 1983.
· 이채리, 「코헨의 종차별 옹호논증은 옳은가?」, 범한철학회, 『범한철학』, 77집, 2015.

7장 | 휴먼 다음엔 포스트휴먼?

· Bailey, R., "Transhumanism: the most dangerous idea?", *Reason*, 2004, 8.
· Bostrom, N., "In Defense Of Posthuman Dignity", *Bioethics*, Vol. 19, No. 3, 2005.

· Fukuyama, F., 송정화 역, 『부자의 유전자 가난한 자의 유전자』, 한국경제신문, 2009.

· Haraway, Dana J., 민경숙 역, 『유인원, 사이보그, 그리고 여자』, 동문선, 1991.

· Hayles, N. K., *How We Became Posthuman*, Chicage : The Unive. of Chicage, 1999.

· Kass, L., "Ageless Bodies, Happy Souls : Biotechnology and the Pursuit of Perfection", *The New Atlantis, spring*, 2003.

· McMahan J., "Cognitive Disabiltiy and Cognitive Enhancement", *Metaphilosophy*, 40, 2009.

· 이채리, 『포스트휴먼의 공포에 대한 비판적 고찰』, 『범한철학』, 범한철학회, 71집,

기술에게 정의를 묻다

1판 1쇄 펴냄 2023년 1월 27일
1판 2쇄 펴냄 2023년 11월 20일

지은이 이채리

주간 김현숙 | **편집** 김주희, 이나연
디자인 이현정, 전미혜
영업·제작 백국현 | **관리** 오유나

펴낸곳 궁리출판 | **펴낸이** 이갑수

등록 1999년 3월 29일 제300-2004-162호
주소 10881 경기도 파주시 회동길 325-12
전화 031-955-9818 | **팩스** 031-955-9848
홈페이지 www.kungree.com
전자우편 kungree@kungree.com
페이스북 /kungreepress | **트위터** @kungreepress
인스타그램 /kungree_press

ISBN 978-89-5820-817-4   03400

책값은 뒤표지에 있습니다.
파본은 구입하신 서점에서 바꾸어 드립니다.

이 책에 수록된 사진 대부분은 저작권자의 동의를 얻었습니다만,
저작권자를 찾지 못한 일부 사진에 대해서는 저작권자가 확인되는 대로
게재 허락을 받고 협의 절차를 밟겠습니다.